16 位腦創傷專家

張文昌 中央研究院院士、臺北醫學大學董事

邱文達 前衛生福利部部長、前臺北醫學大學校長、
美國仁愛醫療集團（AHMC Healthcare）共同執行長

蔡行瀚 臺北醫學大學傷害防治學研究所講座教授

王家儀 臺北醫學大學校級神經醫學研究中心執行長、醫學科學研究所教授

蔣永孝 臺北神經醫學中心院長、臺北醫學大學校級神經醫學研究中心主任、
醫學系外科學科教授

陳震宇 臺北醫學大學腦意識創新轉譯中心主任、醫學系放射線學科特聘教授

胡朝榮 臺北神經醫學中心副院長、臺北醫學大學醫學院副院長、醫學系神經學科教授

李信謙 臺北醫學大學附設醫院精神科主任、臺北醫學大學醫學系精神學科副教授

李宜釗 臺北醫學大學神經醫學博士學位學程主任、神經醫學博士學位學程教授

吳忠哲 臺北醫學大學附設醫院神經外科主治醫師、
臺北醫學大學醫學系外科學科副教授

陳凱筠 臺北醫學大學神經醫學博士學位學程教授

周思怡 臺北醫學大學神經醫學博士學位學程教授

廖國興 臺北市立萬芳醫院急診重症醫學部副主任、
臺北醫學大學醫學系外科學科助理教授

林立峯 衛生福利部雙和醫院復健醫學部物理治療師、
臺北醫學大學北醫創新創業教育中心主任、高齡健康暨長期照護學系副教授

莊健盈 臺北醫學大學醫學科技學院副院長、神經醫學博士學位學程教授、
國際神經醫學碩士學位學程教授

陳兆煒 臺北市立萬芳醫院神經內科主治醫師、臺北醫學大學生醫加速器執行長、
醫學系神經學科助理教授

臺北醫學大
TAIPEI MEDICAL UNIV

北醫大蔣永孝暨15位腦創傷專家聯手解答

輕度腦創傷其實很傷！

別忽視它帶來的影響

林進修——採訪寫作

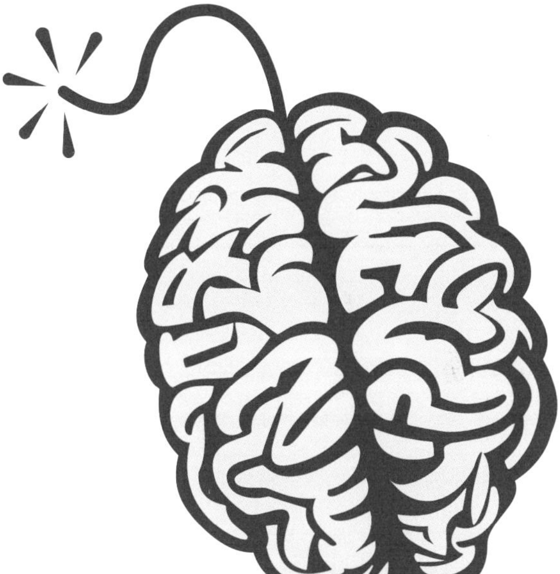

目錄

每個人一生中，頭難免撞過幾次，你也許覺得沒什麼，
但在漫長歲月裡，那些小小的撞擊，
可能會慢慢變化，最後成了大問題。
到了那一天，一切都晚了！

第三部　大腦為什麼會失序　

大腦是極為精密的組織，一旦受到撞擊，
海馬迴的神經傳遞訊號中斷，
就會導致記憶力下降；
當神經傳導出現障礙，也很容易睡不好，
而長期睡眠不足會導致憂鬱等情緒問題。
如果大腦神經系統受傷了，
該怎麼辦？有哪些修復的方法？

為了避免小小的腦創傷，未來演變成大問題，
透過血液檢測，預測未來出現暈眩、睡眠障礙及記憶力下降的機率；
透過心律檢測，瞭解自律神經系統是否異常；
透過腦部皮質掃描，找出腦部細微的變化，
及早發現，及早治療，才是王道。

醫學科技日新月異，腦創傷引起的後遺症有了治療新機會：
隨著新藥誕生，過去無藥可醫的失智症，露出一線曙光；
對大腦進行電刺激，可幫助改善記憶喪失問題；
透過雙重任務的平衡訓練和大腦復健，則能預防跌倒和恢復行走。

第六部　減少意外事故為上策

交通意外事故無所不在，
若能從政府的交通政策和人行道規劃著手，
加上對民眾安全宣導，提高安全意識，
就能減少傷亡及腦創傷的發生率，
降低家庭及社會必須付出巨大的成本。

後記

神經醫學人才的傳承與培育、
生醫創新的卓越成果、
以及透過 AI 人工智慧不斷精進的檢查與治療方式，
除了幫助輕度腦創傷病人不再一輩子受其所困，
更讓臺北醫學大學神經醫學研究中心，
成為國際腦創傷研究重鎮，
締造台灣之光！

附錄

推薦序

展現臺灣醫療核心的韌性

陳瑞杰（臺北醫學大學董事長）

在臺灣，輕度腦創傷已超越腦中風和癌症，成為日益嚴峻的公衛挑戰。這本書的問世，除了深入挖掘輕度腦創傷的複雜性，也透過真實案例讓讀者瞭解看似微不足道的輕度腦創傷問題，其實對人類健康與疾病，可能會造成深遠的影響，希望喚起更多社會大眾對腦創傷的關注，培養對健康重要議題的敏銳洞察力。

臺北醫學大學體系長期專注於輕度腦創傷研究，不僅與美國國家衛生研究院有非常緊密的合作，也整合國內外腦科權威，引領全球神經醫學領域的發展，期許為臺灣在神經醫學寫下新里程碑。

「推動價值醫療」是北醫大體系對社會的承諾！身為全臺最早投入輕度腦創傷研究領域的醫療學術機構，我們除了繼續領導神經醫學研究團隊向前邁進，更要與國際接軌，聚焦創造更多病人價值，展現臺灣醫療的核心能力及韌性應變，真正落實「價值醫療」。

推薦序

跨國前瞻　發展獨占鰲頭的腦創傷醫學

吳麥斯（臺北醫學大學校長）

腦創傷醫學一直是臺北醫學大學醫療體系引以為傲的強項，而北醫在此領域的深耕與卓越成就，讓我深感榮幸能以校長身分撰寫推薦序文。

在二〇一八年，北醫特別整合了三家附屬醫院包括臺北醫學大學附設醫院、萬芳醫院及雙和醫院的神經內外科、精神科、放射科、復健科與基礎神經科學研究的資源，集結各路英才，創立了臺北神經醫學中心。此一整合不僅旨在提供更優質完善的醫療服務、更在於建立具前瞻性的神經醫學教育以及推動跨領域神經醫學研究計畫，促進基礎神經科學與臨床神經醫學間的研究與合作。

而經過這幾年的耕耘，我們在二〇二三年以「腦意識創新轉譯研究中心」獲選為教育部高教深耕計畫中的特色領域研究中心計畫，這無疑是對臺北神經醫學中心表現的肯定與重視。除持續整合學術資源，深化臨床與基礎研究的交流外，同時我們亦積極加強國際合作及延攬頂尖人才，以帶動相關臨床轉譯與精準醫療的發展，進一步提升國人腦心智健康。

展望未來，我們將持續整合北醫大體系資源，期許自己成為臺灣神經醫學的先鋒，發展獨占鰲頭的腦創傷醫學，幫助更多輕度腦創傷患者及早發現，及早治療，同時，我們亦呼籲社會大眾關注腦傷，提高對這一健康議題的關注，就像書名所言「別忽視它帶來的影響！」

願臺北醫學大學腦創傷醫學領域的表現繼續發光發熱，為醫學領域帶來更多的創新和突破。

推薦序

輕度腦創傷的隱藏危機

陳儀莊（國家科學及技術委員會副主任委員）

這是一本關於討論腦外傷的書籍，內容豐富且實用，旨在提升對腦傷的認識和預防意識。書中詳細介紹了腦創傷的成因、治療方法和預後情況，並以淺顯易懂的語言解釋輕度腦創傷的分類、症狀及處理方式。作者透過實際案例，深入探討了腦創傷對個人及社會的影響，強調即使是輕度腦創傷也不容忽視。

此外，書中還闡述了腦神經的受損及其保護機制，鼓勵讀者養成保護頭部的良好習慣（譬如，騎機車戴安全帽），並強調早期檢測和治療的重要性。作者希望透過這本書減少腦創傷的後遺症，並降低其對社會的衝擊。

書中提到了臺灣正在進入超高齡社會，探討了與高齡者相關的神經系統疾病，如失智症、情緒和動作障礙。這些問題不僅對個人造成困擾，同時也對家庭、醫療照護系統和社會造成重大影響。因此，對神經系統的研究以及利用科技創新來預防、延緩和治療神經疾病十分重要。

作者也強調了腦科學和神經科技在醫學領域的重要性，並鼓勵進一步的研究和技術創新，以改善人類的健康福祉，減少神經系統疾病帶來的醫療負擔。這本書是對北醫團隊多年在預防腦外傷和推動相關研究的經驗總結，對推動國人大腦健康具有重大意義。

最後，還是要再次強調，這是一本好讀又有用的書，不僅對於病患、家屬、醫生、教師和對醫學感興趣的學生有價值，對於任何關心腦健康和神經科學的人來說，都提供了難得的參考資料。

作者序

輕度腦創傷，一點也不「輕度」

蔣永孝（臺北醫學大學神經醫學研究中心主任）

腦創傷的發生率超過中風和癌症，一直是我們日常生活中最常碰到的健康威脅，但因初期症狀並不明顯，常被忽略，小問題往往變成大傷害。

有鑑於此，在衛生署（現為衛生福利部）支持下，一九八七年起邱文達率領北醫團隊著手調查台灣城鄉腦創傷發生率，開啟國內腦創傷研究先河；二〇〇九年，臺北醫學大學設立神經損傷及再生醫學研究中心，全方位投入相關研究，二〇一八年改名為神經醫學研究中心，如今卓然有成。

導致腦創傷的原因相當多，最常見的有跌倒和車禍。以跌倒來說，大概有一半機率會撞擊到頭部，造成輕度、中重到重度不等程度的腦創傷，其中近八成屬於輕度。

這些輕度腦創傷因症狀不明顯，患者不一定會就醫治療。至於那些被送到醫院急診室的患者，醫師通常會依據診斷標準來處置，只要他們生命跡象穩定，走路沒有問題，可以正常談話，可以回答問題，而且影像學檢查也未發現有腦出血現象，醫師就會認定他們的腦功能沒有問題，觀察一陣子，確定沒有大礙後，就讓他們回家。

雖然沒有上述這些臨床上的客觀證據，並不表示這些輕度腦創傷患者真的沒事。在一段時間後，部分患者會出現很強烈的臨床問題及症狀而再次就醫，但因缺乏客觀的診斷工具，往往找不出明確病因，因而常被認為是心理上的問題，他們只好轉而求助精神科醫師或其他專業輔導，卻未必能得到合適的診治，際遇值得同情。

臺北醫學大學神經醫學研究中心過去十五年來的研究發現，半數以上輕度腦創傷患者在事發之後的早期階段，常會出現明顯的症狀，比如頭痛、頭暈、注意力沒辦法集中、記憶力衰退、出現睡眠障礙及平衡出問題等，除了影響日常生活作息，甚至會影響工作表現。

更令人擔心的是，隨著時間推移，過了十幾、二十年甚至更長時間，有些輕度腦創傷患者會陸續出現失智症、阿茲海默氏症或巴金森氏症等退化性神經病變，但因缺少積極有效的藥物或治療方法，卻無能為力。

就是因為看到越來越多這類無助病患，臺北醫學大學神經醫學研究中心研究團隊才赫然發現，原來所謂的輕度腦創傷，其實並不「輕度」，它對當事人來說，是個大大的困擾，只不過過去全球醫界在這個領域的研究不多，大多數人對輕度腦創傷的認知也相當有限，受創後飽受後續症狀困擾的人很多，因此才決定出版這本《輕度腦創傷其實很傷！》，希望能喚起社會大眾對輕度腦創傷的重視。

從另個角度來說，出版這本《輕度腦創傷其實很傷！》也有抛磚引玉的用意，再次提醒大家認知到輕度腦創傷的嚴重性，投入更多資源，從預防、檢測、治療到研究等各個面向著手，找到徹底防範及解決之道，不讓輕度腦創傷繼續成為很多人一輩子的困擾。

經過十五年來的不斷努力，臺北醫學大學神經醫學研究中心已成為國際腦創傷研究重鎮。要特別感謝美國國家衛生研究院、臺北醫學大學、國科會、旭陽腦瘤及腦疾病研究發展基金、神經醫學人才培育計畫基金及神經損傷及再生研究中心發展基金多年來的大力支持及協助，期待能在既有基礎下繼續前進，為守護人類健康做出積極貢獻。

第一部

不容忽視的輕度腦創傷

每個人一生中，頭難免撞過幾次，你也許覺得沒什麼，
但在漫長歲月裡，那些小小的撞擊，
可能會慢慢變化，最後成了大問題。
到了那一天，一切都晚了！

第一章／電影《震盪效應》背後的真相

二〇一五年十二月二十五日聖誕節，《震盪效應》（Concussion）在美國全面上映。

這部由彼得．蘭德斯曼（Peter Landesman）執導，威爾．史密斯（Will Smith）、亞歷．鮑德溫（Alec Baldwin）、艾伯特．布魯克斯（Albert Brooks）等巨星主演的運動傳記電影，故事改編自真實故事。

威爾．史密斯飾演的腦神經醫師暨法醫病理學家班奈特．奧瑪魯（Bennet Omalu），意外發現美式足球運動員容易罹患慢性創傷性腦病變（Chronic traumatic encephalopathy, CTE），進而出現憂鬱、焦慮、情緒暴躁、易怒等症狀，甚至有自殺傾向。

延伸閱讀

慢性創傷性腦病變

慢性創傷性腦病變（Chronic traumatic encephalopathy, CTE）是一種重複性腦創傷引起的神經性退化疾病，常出現在多次腦創傷的患者，比如車禍、美式足球或拳擊等劇烈運動，患者的大腦組織會有大量不正常的濤蛋白（Tau proteins）堆積，導致顳葉皮質、海馬迴及杏仁核等腦組織萎縮。

慢性創傷性腦病變大都在頭部頻繁遭到撞擊的八到十年後出現症狀，可分為四個階段：

第一階段的症狀：出現注意力不集中、暈眩、頭痛、方向感喪失等。

第二階段的症狀：出現記憶力下降、受迫性行為、社交生活受影響及判斷力下降等。

第三及第四階段的症狀：出現言語障礙、感覺異常、震顫、聽力下降、憂鬱或有自殺傾向等。

美式足球是美國相當風靡的職業運動，每年冬天舉行的球季決賽「超級盃」（Super Bowl），被視為美國年度大事，一票難求，電視轉播更常寫下驚人收視率。也因此，當這部首度探討很多美式足球職業運動員因長期在球場上衝撞，引發慢性創傷性腦病變的電影上映後，立即引起熱烈討論。

足球英雄的墜落

不少美國人從小就看美式足球長大，他們心中或多或少都有些崇拜的明星球員，一到賽季，整顆心就常隨著他們在球場上奔跑、衝撞、攔截、傳球、接球、飛撲和達陣而上下起伏。他們看到的是那些球星高超的球技，卻怎麼也想不到有些球星自退役離開球場後，竟會飽受病痛折磨。

這是個極大的反差，英雄和落魄者之間，往往只是一線之隔，難怪不少人在看了這部電影之後，震撼不已。

奧瑪魯是在一個偶然的機會下，解剖突然死亡的職業美式足球聯盟（NFL）名人堂球員麥克．韋伯斯特（Mike Webster）的大腦。

綽號「鐵麥克」的韋伯斯特是匹茲堡鋼鐵人隊的傳奇中鋒，也是該隊在一九七四年至一九七九年間奪下四次超級盃冠軍的關鍵人物，他在退役之後，人生卻有了很大的轉折。

韋伯斯特的性情越來越怪異，變得暴躁易怒，導致妻子受不了而離異。此外，他的記憶力也逐漸衰退，不記得曾看過幾次醫師，二〇〇二年因心臟病過世，一無所有的潦倒走完五十年的傳奇一生。

奧瑪魯解剖韋伯斯特的遺體時，發現他的大腦表面看起來很正常，但解剖後顯微鏡底下的大腦內部組織，卻有如一場災難，赫然發現很多不正常堆積的「濤蛋白」（Tau proteins），因而懷疑他過世前種種怪異的行為舉止，或許和他長期打美式足球的頭部撞擊有關。

反覆輕微腦震盪也會造成傷害

奧瑪魯把這個疾病稱為「慢性創傷性腦病變」，並於二〇〇五年七月在《Neurosurgery》（神經外科）期刊中，發表一篇名為「Chronic Traumatic Encephalopathy in a National Football League Player」（一位美式足球聯盟球員的慢性創傷性腦病變）的論文，正式將慢性創傷性腦病變和美式足球連結起來。

他在那篇論文的結論中指出，從韋伯斯特這名美式足球傳奇四分衛的解剖中發現，遭受反覆輕度腦創傷後，導致潛在的長期神經退化，但其發生率、病理機制，

腦部的構造圖

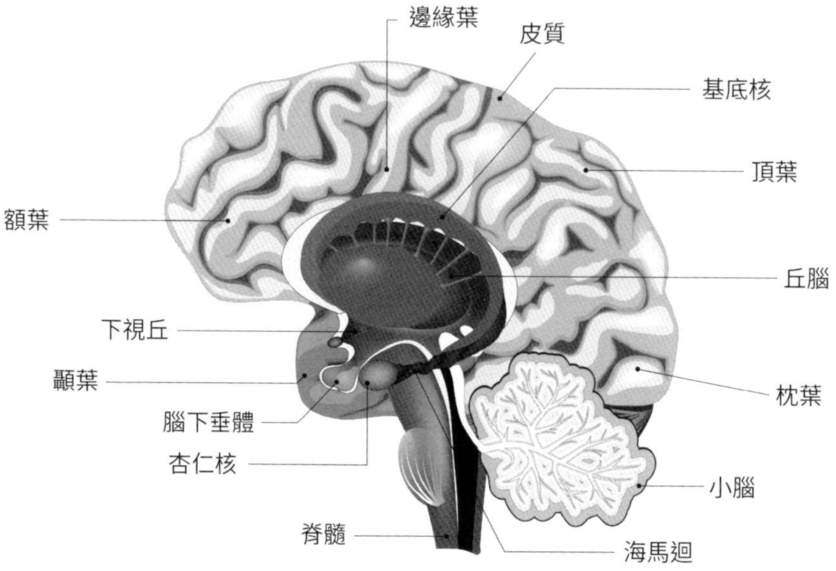

資料來源：Shutterstock

以及和從事美式足球賽事時間長短的相關性，尚未獲得充分研究，因而建議採用全面的臨床和法醫方法，進一步探討這種新興的職業運動傷害。

沒想到，奧瑪魯的研究結果卻遭到美式足球聯盟的強烈抗議，認為與事實不符。但在鋪天蓋地而來的輿論壓力下，該聯盟還是採取一些預防性措施，二〇二二年十月十八日更對外宣布，他們將資助腦震盪的研究，希望可以找到一個方法，幫助更多人了解是否患有腦震盪。

這些年來，濤蛋白已被證實和阿茲海默氏症、巴金森氏症等退化性神經病變有關，也和慢性創傷性腦病變密不可分。

濤蛋白通常一開始只是零星沉積在前額葉等少數特定腦區，再逐漸擴大到顳葉、杏仁核及海馬迴等區域，最後幾乎遍布整個大腦，影響情緒和記憶。

二〇二三年三月二日，一項針對三百多名前美式足球運動員的大型研究發現，有腦震盪病史和腦震盪症狀的運動員，在日後的生活中出現認知能力下降。

延伸閱讀

濤蛋白

濤蛋白（Tau proteins）是一種高度可溶的微管相關蛋白，常見於中樞神經系統的神經元中，主要功能之一是維持軸突微管的穩定性和靈活性。由濤蛋白組成的神經纖維糾結會導致神經病變，進而引起阿茲海默氏症和巴金森氏症等退化性神經病變。

該研究顯示，與同年齡層的男性相比，這些在美式足球職業生涯中遭到腦震盪的運動員，在情景記憶、持續注意力和處理速度的評估中，得分較低，且所用的詞彙也較少。

這些平均二十九年前從球場退下來的美式足球運動員，接受長達一小時的線上測試，研究人員再將他們的測試結果，和另外五千名不打美式足球的同年齡層男性志願者相比，發現較年輕的前美式足球運動員測試結果比志願者好，但年紀較老的前美式足球運動員測試結果，就比志願者差多了。

研究人員發現，多次腦震盪並不會讓日後生活中的麻煩增加，但他們比較擔心的是，這些美式足球運動員在以後會出現什麼症狀。因為，他們已發現了一個可能在性質上有所不同的症狀，那就是意識逐漸喪失。

腦創傷會影響認知功能

美式足球聯盟和奧瑪魯之間的爭論，不管孰是孰非，高衝撞性運動可能導致腦部受創的事實，逐漸傳播開來，廣為人知。

國際知名的腦神經醫學專家、臺北醫學大學神經醫學研究中心主任蔣永孝舉了一個在美國大學校園廣為流傳的例子：一些擁有美式足球天賦的高中生拿到獎學金進入大學時，校隊的學長通常會耳提面命一番，「你的學分，最好在大一修完。」

「為什麼？」這群菜鳥學弟聽得滿頭霧水。

「你如果沒有在大一把學分修完，到了大二、大三以後，就沒有那麼好的能力唸書了。」

學長們的理由很簡單，美式足球是高度衝撞的激烈運動，就算穿上厚厚的運動衣，也戴了全罩式頭盔，但一次又一次的高速衝撞，還是難免會對腦神經造成傷害，一般日常生活還好，但如果要動腦考試，或是做一些較細膩的事情，多少會有問題。

臺北醫學大學腦意識創新轉譯中心主任陳震宇指出，《震盪效應》這部以腦創傷為主題的電影，引起很大的迴響，並引起《紐約時報》的興趣，深入報導多位美式足球運動員死後，家屬將他們大腦捐出來供醫學研究的新聞。

這些年來，大家已普遍知道，那些美式足球員當年雖然沒有什麼大礙，頭部的電腦斷層掃描（CT）看起來也還好，卻可看到腦部有因撞擊產生所謂的細微結構變化，包括小範圍出血，而這很可能就是導致他們後來出現精神及認知異常的原因。

美式足球離台灣很遠，騎乘機車卻是台灣人的日常，而摔車事故時有所聞。一樣的腦創傷，一樣的慢性創傷性腦病變及其衍生的諸多後遺症，我們沒有置身事外的理由，只能嚴肅面對。

第二章／

腦創傷就算輕度也很傷

其實，不僅美式足球、橄欖球、足球和拳擊這類接觸性劇烈運動會導致腦創傷，一些不經意的頭部撞擊，也有可能在未來的某一天出現後遺症。

長期致力研究腦外傷領域的臺北醫學大學神經醫學研究中心主任蔣永孝認為，每個人一生當中，頭部都難免出現一些碰撞，經年累月下來，腦部容易受到影響。就算不是直接撞擊，有時候某些高強度的震波，也會導致腦部受創。

騎機車要戴安全帽保護頭部

根據統計，美國的腦創傷成因，以美式足球等經常性高速衝撞的劇烈運動，以及伊拉克等戰場的震波為主，台灣則完全不同，車禍幾乎是腦創傷的最主要原因。

腦創傷可分重度、中度和輕度，其中輕度占八成以上，雖然病患人數相當多，卻因事發時通常沒有明顯症狀，不僅病患未放在心上，醫療及學術單位也不太重視，直到發現越來越多輕度腦創傷病患出現一些退化性神經病變後，才驚覺事有蹊蹺，開始深入探討因果關係。

臺北醫學大學體系是國內最早投入輕度腦創傷研究領域的醫療學術機構之一，一九八〇年代前後，邱文達是臺北醫學大學附設醫院神經外科主任，當時每天被救護車送到急診室的車禍病患相當多，只要經診斷屬於腦出血等重度腦創傷個案，就送進手術房開刀。

邱文達發現，不管他和其他神經外科醫師沒日沒夜的拚命開刀，也救不了幾個病患，更何況手術後的恢復情形也未必理想，這些病患下半輩子常有一些腦功能損傷導致的功能障礙，日子過得辛苦。

由於這些嚴重腦創傷患者大都是車禍倒地的機車騎士，因此他努力推動「騎乘機車必須戴安全帽」的立法運動，歷經十年奔走，一九九七年，這項法令終於經立法院三讀通過並經總統公告施行。有了安全帽的保護，因車禍被送到急診室的中度及重度腦創傷患者急遽減少，但輕度腦創傷患者卻明顯增加了。

臺北醫學大學傷害防治學研究所講座教授蔡行瀚記得，早年台灣只有台灣大學附設醫院、台北榮民總醫院和三軍總醫院有神經外科醫師，因車禍造成重度腦創傷的患者，都被緊急送到台北來，那個年代救護車不多，一到半夜，常可看到一部發財車把陷入昏迷的重度患者載到急診室，他們就連夜開刀，等再次走出手術房時，已是大白天了。

自從邱文達帶著他們一群人推動「騎乘機車要戴安全帽」並立法施行後，嚴重腦創傷患者明顯減少，不少神經外科醫師抱怨開刀量直線下降，害他們都快沒飯吃了。蔡行瀚說，這雖然是句玩笑話，卻也反映出一個好政策帶給國家社會乃至家庭的長遠影響。

輕度腦創傷經常被忽視

少了重度和中度腦創傷患者之後，北醫體系約從十五年前開始全力投入輕度腦創傷的研究，並和美國國家衛生研究院（NIH）攜手合作，NIH 做的是和戰爭有關的研究，北醫體系則做一般生活的相關研究。

NIH 會選擇研究戰爭相關的腦創傷，和美國參與的伊拉克戰爭有直接關係。蔣永孝解釋，伊拉克戰爭期間，由於雙方軍力懸殊，伊拉克採取游擊戰術，常在路邊埋設被稱為「土製炸彈」的簡易爆炸裝置（Improvised explosive device, IED），等美軍裝甲部隊經過時再引爆。

轟然巨響後，爆炸現場附近的美軍可能受傷嚴重，至於後面離得較遠一點的部隊，基本上只是被爆炸的震波震到而已，通常不會有明顯傷害，但這些軍人退伍回到

延伸閱讀 輕度腦創傷

頭部受傷後，昏迷指數十四分或十五分，就屬輕度腦創傷（mild Traumatic Brain Injury），可能是輕微顱內出血或單純腦震盪。

患者初期可能暫時出現意識不清或喪失、視力障礙或平衡障礙，有時會有持續性頭痛、頭暈、記憶力變差、注意力不集中或情緒不穩等情形，但多半隨著時間會慢慢減輕及消失。

由於撞擊造成的腦創傷依然存在，多年後也有可能逐漸變成阿茲海默氏症、巴金森氏症等退化性腦神經病變。

美國之後，就開始抱怨常有頭痛、頭暈、記憶力衰退、注意力沒辦法集中、走路不平衡及睡眠障礙等情形。

醫師通常會說，那些症狀可能是在戰場上看多了殘酷殺戮，導致「創傷後壓力症候群」（Posttraumatic stress disorder, PTSD）才引起的，就開些藥物讓他們拿回去吃。由於類似的就診者越來越多，醫界開始覺得奇怪，經過深入研究才逐漸瞭解，原來這是戰場上強烈震波引起的腦部傷害。

蔣永孝表示，當時他們普遍認為，輕度腦創傷的症狀相當輕微，有些甚至在事發當下沒有明顯症狀，應該做不出什麼研究成果，但經過這十幾年來的研究，才發現輕度腦創傷其實並不是輕度，事發幾年後常會出現很多問題，處理起來相當棘手。

為了讓更多人知道這個後果，蔣永孝和北醫體系神經醫療團隊的所有醫師，都不忘提醒民眾要隨時提高警覺，避免頭部受到撞擊。萬一意外發生了，應該儘速就醫，並留意未來的病情發展，這樣才能減少惡化到阿茲海默氏症或巴金森氏症等退化性神經病變的機率。

延伸閱讀

創傷後壓力症候群

創傷後壓力症候群（Posttraumatic stress disorder, PTSD）是指遭到重大創傷事件後出現的嚴重壓力疾患。其主要症狀可分過度警覺、逃避麻木和再度體驗創傷等三大類。

根據美國精神醫學會的診斷標準，強烈害怕、無助感、恐怖感受、避開創傷話題和創傷地點、無法記起事件的重要部分、減少重要活動與興趣、對前途悲觀、無法再愛人、不期待事業甚至生命、難以入睡或難以維持睡眠、易怒、注意力不集中、易受驚嚇等，都是創傷後壓力症候群的症狀。

第三章／

認識腦創傷的分類、症狀和後遺症

前臺北醫學大學校長，同時也是國際知名腦神經權威的邱文達表示，就算是比較輕微的腦創傷，還是會出現很多後遺症，有些甚至是不可逆的，包括智力退化及記憶障礙，影響既深且遠。

腦組織受傷後雖然無法再生，但邱文達相信，如果能找到一個類似再生的機制，將會是相當大的醫學突破。因此，在他擔任北醫大校長期間，積極協助蔣永孝成立神經醫學研究中心，等到人才到位，且研究量能也逐步提升之後，再擴大成立神經再生醫學研究所。

台灣是腦創傷盛行率高的國家

邱文達表示，不管是車禍、不小心跌倒或是從高處墜落，都會導致外傷，而頭部又是最容易受傷的部位，幾乎占了一半左右。如果以腦創傷的嚴重度來講，台灣是全世界相對嚴重的國家之一。

他進一步解釋，台灣有一千兩百多萬輛機車，幾乎到了每兩個人就有一輛的密度，加上早年沒有強制要求騎乘機車必須戴安全帽，這些機車族成天在馬路上奔馳，交通事故多，腦創傷個案自然居高不下。

他指出，當年台灣腦創傷的盛行率大約是十萬分之兩百三十，在全球算是高的。若進一步檢視台灣各縣市的腦創傷盛行率，會發現有城鄉差距，像台北市約為十萬分之一百四十到一百五十，花蓮縣則因為路平人稀，加上酒駕者又多，經常發生交通事故，腦創傷盛行率高達十萬分之四百八十，幾乎是台北市的三倍。

根據台灣事故傷害預防與安全促進學會統計，一九九〇年代台灣每年有超過七千人因交通傷害死亡，而腦創傷是機車騎士最主要且致命的原因。

一九九四年二月起，邱文達結合國內醫護、交通及公共衛生等各界人士，開始推動騎乘機車戴安全帽的立法工作，歷經諸多困難與挑戰，立法院終於在一九九七年六月一日三讀通過，強制規定騎乘機車及附載人必須戴上安全帽，並經總統公告施行。

從此以後，騎乘機車發生交通事故導致死亡的人數急遽降低，騎乘機車要戴安全帽成為台灣相當成功且傲人的公共政策，不少國家紛紛來台取經。

不過，二〇〇〇年以後，邱文達發現輕度腦創傷個案居然變多了！他研判應是戴安全帽引起的邊際效應，因為戴了安全帽後，頭部受到保護，交通事故引起的重度及中度腦創傷減少，但輕度腦創傷卻會明顯增加。

用昏迷指數評估腦創傷程度

蔣永孝進一步解釋，撞擊導致的腦部損傷是能量轉換引起的。外來的能量經過頭部時，大部分被頭骨吸收掉了，但頭骨吸收外來能量還是有一定範圍的飽和度，一旦超過頭骨可以吸收的範圍，其餘能量就會進入腦部。

這個時候，就要看這些能量是否集中，若能量集中，腦組織就會碎掉並出血，進而造成更大的傷害；如果能量分散，這些能量就會分散到各個地方，儘管如此，腦組織還是會被動接收部分能量的衝擊，難免造成傷害。

蔣永孝把腦組織比喻為「嫩豆腐」，相當脆弱，必須有腦脊髓液來保護，就像把嫩豆腐泡在水裡，減少外來能量的衝擊。

然而，如果外來的能量過大，腦組織還是會受損而降低功能，出現頭痛、頭暈、失眠、注意力不集中及記憶力下降等障礙，時間久了，甚至會出現阿茲海默氏症、巴金森氏症等退化性神經病變。

為了在第一時間確認被送到急診的病患狀況，台北市立萬芳醫院急診重症醫學部副主任廖國興表示，不管是神經外科醫師或急診科醫師，都會觀察這些病患的臨床表徵，再透過「昏迷指數量表」去判斷。

所謂的「昏迷指數量表」（Glasgow coma scale，GCS），主要是以眼睛能不能張開，嘴巴能不能說話，講的話能不能清楚表達，手腳四肢的活動度，以及可不可以配合指令做相對應的動作等項目，做為評分指標。

「昏迷指數」就是把這些指標的分數加總起來，從最差的三分，到最好的十五分，分成不同等級。對頭部外傷的病人來說，如果小於或等於八分，就屬重度腦創傷；九分到十三分，為中度腦創傷；十四分或十五分，就屬輕度腦創傷。

腦創傷出院後一定要回診

一般而言，昏迷指數越低的腦創傷病患，所需的醫療資源就越多。廖國興以萬芳醫院及臺北醫學大學附設醫院、衛生福利部雙和醫院等北醫體系醫院為例，如果昏迷指數等於或小於十三分，代表腦部可能已受到明顯的影響，就必須積極處置。此時就會啟動創傷緊急處理小組（Trauma team），成員包括急診科、創傷科及一般外科等科的醫師，十分鐘內趕到現象評估病患的狀況。

廖國興解釋，這些病患除了腦創傷之外，有時候還可能合併其他傷害，比如車禍引起的肝臟撕裂傷、腹腔出血，或是肋骨斷裂導致氣胸、血胸等，有必要由多科醫師組成的團隊來共同評估，並立即處理。

初步處理後，如果沒有其他器官的特別問題，但影像學檢查卻發現有腦創傷的跡象，就會知會神經外科醫師接手，進行後續的治療及照護。

經過腦部電腦斷層掃描，如果確認腦部需要手術治療，就會直接送進開刀房由神經外科醫師施術。如果沒有明顯腦出血，還不用手術治療的病患，則送到加護病房或病房作後續觀察。

至於腦部沒有出血，只是有些輕微腦震盪現象的病患，在急診室觀察八到十二小時，確認沒有特別變化後，就讓他們出院回家。

不過，出院並不代表沒事。北醫附醫、萬芳醫院和雙和醫院都會用電話追蹤，如果患者還有一些症狀，就請他們三、四天後回診；如果情況還算穩定，一個禮拜後再回診即可。

回診時，神經內科或神經外科醫師會針對他們的臨床症狀及神經特徵做評估，如果有需要的話，再進一步做影像學檢查。廖國興就曾碰過有些病患，在急診室觀察八到十二小時狀況都還好，出院回去一到兩天後，就逐漸出現一些比較明顯的症狀，有些甚至持續很長一段時間，而這也正是他們堅持病患要再回診的原因。

只不過，有些病患並沒有病識感，加上工作可能太忙了，就沒再回診。廖國興認為，有必要透過不斷的呼籲，讓民眾有「腦創傷出院後要再回診」的觀念，再來就是透過一些量表，把一些潛在的高危險族群找出來，再主動請他們記得回診。

大腦受傷會引發情緒障礙

北醫體系三家醫院的腦創傷團隊都設有一位個案管理師，這些病患從急診室出院回家後，就會主動打電話去關心，詢問對方有沒有特別問題，如果一切還算正常，建議一週內回診即可；一旦發覺對方出現一些症狀，研判腦部可能出現變化，就會請對方儘快回診，甚至安排住院接受檢查或治療。

發生腦創傷後，除了記憶力減退、注意力不集中及睡眠障礙之外，還可能引發焦慮、憂鬱等情緒問題。北醫體系因而開發出一套可評估情緒障礙分數的量表，再搭配抽血檢查及生理參數，把那些高危險族群儘早找出來，給他們多一點關注，幫助解決他們的情緒問題。

廖國興表示，頭部遭到撞擊後，確實會造成一些情緒上的影響。從影像學檢查看來，這些病人腦部也許沒事，但病人會抱怨他們的情緒起伏變大，其中又以年紀較大的女性比例較高。

他們透過一些量表的分析，發現有些分數較高的病人，真的比較容易出現情緒功能障礙，暫且稱之為「腦震盪症候群」（Post-concussion syndrome, PCS），這些患者不一定感到壓力，但情緒就是受到影響。

他們分析發現，會導致腦震盪症候群的危險因子，包括女性、三十歲以上、騎機車造成頭部傷害、抽血檢查有某個數值比較高、曾做過核磁共振掃描（MRI）、核磁共振掃描發現腦部有一個以上出血點等，只要符合其中三項以上，出現腦震盪症候群的風險就比較高，而且分數越高，未來出現失眠、憂鬱或焦慮等情緒障礙的風險就越高。

核磁共振掃描可找到腦部出血點

廖國興表示，不選擇電腦斷層掃描，改採用核磁共振掃描的影像學檢查模式，是因為電腦斷層掃描不一定能看到大腦裡面的出血點，反觀核磁共振掃描就可以清楚看得到。

他舉先前碰過的一個病人為例，對方是個六十多歲的演奏家，同時也是位鋼琴老師，有次開車時不慎發生交通事故，被救護車送到某家醫院急診室，做過神經功能為主的臨床檢查一切正常，影像學檢查也未發現出血點，醫師評估沒什麼問題，所以觀察一陣子後，就讓她出院。

她回家後，卻出現明顯的頭暈和頭痛，且越來越嚴重，甚至偶爾還會看到類似閃光的影像，讓她擔心又害怕。事發一、兩個月後，她選擇到萬芳醫院掛廖國興的門診。經過臨床評估和生理學檢查，沒有手腳無力、顏面神經麻痺等情形，一切看起來都還算正常。

不過，廖國興認為，她偶爾看到閃光這個主述症狀，其實和癲癇的常見症狀類似，於是進一步安排腦電波檢查，看看腦部有沒有不正常放電現象，甚至還安排核磁共振掃描等檢查，檢視腦部的細部構造。

結果從核磁共振掃描中發現，她的右側顳葉有出血點，判斷有可能是腦部不正常放電進而引發癲癇的主因，才會常常劇烈頭痛且看到閃光。廖國興開立抗癲癇藥物讓她回去服用，一兩個禮拜後再次回診，她已不再劇烈頭痛，看到閃光的次數明顯減少，也不再那麼憂鬱和焦慮。

這位患者透露，在前往萬芳醫院就診前，她其實已到多家醫院尋求協助，但都找不出原因，醫師都說「沒問題」，但她就是不舒服，想請醫師再多看一下，但有些醫師認為她是無理取鬧，讓她覺得很委曲。

廖國興說，和這位女性有類似遭遇的病人不少，其實她們自己的感覺最清楚，但受限於一些外在的臨床評估，並無法顯示腦部或精神上所受到的影響，像癲癇就是其一，因而無法得到適當的治療，這樣真的很可憐。

像到神經外科求診，做電腦斷層掃描沒看到腦部有出血現象，醫師判定病人「還好」。改到精神科掛號，尋求改善失眠、憂鬱和焦慮等情緒障礙，精神科醫師認為病人「沒怎樣」，心理狀況很正常，只施以症狀治療。

在得不到有效治療的情形下，這些病人只能無奈地在各醫院的診間穿梭，出現所謂「逛醫院」（Hospital shopping）的情形，最後甚至出現神經質。

廖國興表示，從臨床診斷看來，這些病人確實沒有什麼大問題，但從量表的評估結果，卻可將她們歸類為「腦震盪症候群」的高風險族群。以那位演奏家為例，符合女性，年紀超過三十歲，從核磁共振掃描中看到腦部有出血點等因素，應該就是這類病患。

行人和騎士是腦創傷高危險族群

不管結果為何，這些都是腦創傷引起的後遺症，因此蔣永孝和廖國興都認為預防才是根本解決之道，包括邱文達一直大力提倡的騎乘機車及腳踏車要戴安全帽，斑馬線後縮，尊重行人用路安全，以及留意大型車內輪差風險等。

廖國興表示，根據統計，交通事故中，行人腦創傷導致腦出血的風險，是汽車駕駛人的一・六倍；至於腳踏車騎士的風險，則是汽車駕駛人的一・四～一・五倍。可見不管是行人或腳踏車騎士，都是道路交通比較容易受創而出現腦創傷的高危險族群，更應該被保護。

他建議政府要制訂更好的預防政策，比如更安全的道路設計，加強開車或騎車禮讓行人的宣導，讓台灣不再是行人的地獄。

第四章／北醫大致力投入腦創傷研究

多年前騎機車被撞倒，導致記憶力下降的執業律師黃先生，是典型的腦創傷個案。臺北醫學大學神經醫學研究中心主任蔣永孝表示，若依照疾病發生率來說，頭部撞擊引起的腦創傷已遠超過腦中風和癌症，只不過症狀大都相對輕微，因此常被忽略，大家認為並不嚴重。

腦創傷不會輕易消失

蔣永孝說，腦創傷依嚴重程度可分重度、中度和輕度。重度腦創傷患者中，有的在事故當場就死亡，有的到院前死亡，有的則被送到醫院急診室，經醫師診斷後，再立即送進手術房開刀，或是轉到加護病房加強照護。

中度腦創傷患者，通常要視當時情況而定，有的可能需要立即處置，有的則只需留下來觀察即可。

至於那些輕度腦創傷患者，大半只是頭暈、頭痛、想吐，觀察一段時間後，如果症狀緩解，沒有持續惡化的跡象，醫師就可能讓他們出院返家休息。

雖然這些輕度腦創傷患者的症狀相對輕微，卻是神經外科醫師最擔心的一群。因為除了頭暈、頭痛、想吐等不適外，他們也常有記憶力減退、注意力不集中、情緒改變，以及睡眠障礙等情形，但大都在事發後幾個月到半年左右，就會慢慢緩解或消失，等事過境遷，很多患者就沒放在心上。

然而，那些撞擊所造成的腦創傷依然存在，隨著時間推移，也許過了五年、十年，甚至二十年，有可能逐漸變成阿茲海默氏症、巴金森氏症等退化性腦神經病變，一旦出現明顯症狀，就很難再恢復，只能仰賴藥物或復健等方式，減緩惡化速度。

其實，在那之前，這些人都曾陸續出現一些症狀，但那些症狀剛開始都不太明顯，不少人覺得小事一件，久而久之就麻痺了、習慣了，等到有天發覺不對勁時，為時已晚。

工作能力變差是常見腦創傷後遺症

腦創傷最常見的後遺症，就是工作能力和以往不同，且大都明顯變差。

蔣永孝的眾多病人中，一些以前在辦公室是最有活力、也最有執行力的人，就算同時執行五、六個案子，也是遊刃有餘，然而他們只不過是下班騎車摔了一跤，或是被車撞了，既沒有出血，也沒有明顯外傷，卻因頭部受到撞擊，整個人變樣，從此一個案子也做不出來。

他認為，最大的原因是注意力沒辦法集中，沒辦法做好老闆交辦的事情。有時候才踏出會議室，就滿臉狐疑地問：「對不起，你剛剛說什麼？」這顯然是短期記憶力出了問題。

他們去醫院掛號看診，醫師大半也檢查不出個所以然：「你說話不是很正常嗎？有什麼問題呢？」

「我記不住。」

「記不住，就想辦法記呀！」

病人和醫師之間，經常會陷入這種各說各話的漩渦中，找不到出口。有些人就此死了心，不再就醫，把自己鎖進孤獨的角落；有些人則四處就醫，試圖找到解決之道。

臺北市立萬芳醫院急診重症醫學部副主任廖國興就遇過一個類似個案：一位女

性病患在車禍受傷後，被送到某家醫院急診室，影像檢查沒有發現腦部有明顯出血，臨床檢查也看不出有什麼問題，觀察幾個小時後就讓她回家。只是她回家後，就是覺得身體不舒服，因而再次就醫，但其他醫師還是認為她沒什麼問題。為了解決身體的不適，她又跑了好幾次門診，結果都是一樣。

廖國興說，在多次進出門診的過程中，有些醫師會認為這些患者是無理取鬧，但他認為這些病人其實很可憐，值得同情。

患者很清楚自己的身體狀況，但臨床評估或是腦部檢查都沒什麼異樣。神經外科醫師會對他們說：「你的腦部沒有出血，狀況還好」；當他們轉到精神科尋求協助，精神科醫師評估心理狀況很正常，頂多就是車禍時受到驚嚇，出現「創傷後壓力症候群」的傾向，又把他們轉到其他科別。

就這樣，有些病人就在各醫院的診間遊走，出現所謂的「Hospital shopping」，也就是大家熟知的「逛醫院」。久而久之，有些人出現神經質，有些人則真的死了心，不再就醫。

遊走各科的「醫療人球」

蔣永孝表示，這類病人非常多，也值得同情。若依疾病發生率來說，輕度腦創傷已遠超過腦中風和癌症，他每天在急診室看到的外傷病患，不管是車禍、高處墜落或不小心跌倒，頭部撞擊大約占一半以上，且大部分會合併腦震盪。

一旦出現腦震盪，腦組織就會出現變化，而且通常只有病患最清楚自己的狀況。這個時候，旁邊的人常會說，「你還活著呀，看起來好好的，有什麼問題呢？」但是你問病患，他們就是覺得不舒服，會有完全不同的感受。

因此，這些病患都急著想知道，腦創傷之後會出現什麼問題？神經功能會不會受影響？但神經外科醫師能給的答案並不多，這些患者想知道的事，也就成了未知數，但他們就是不舒服，覺得自己受傷了。

這對第一線的神經外科醫師來說，又何嘗不是件充滿挫折的事。蔣永孝表示，這類的研究不是不被重視，而是太難做了！因為沒有辦法控制病患頭部外傷的部位，到底是撞到前面、後面，或是左側、右側，很難做出差異性，因此常在申請計畫時被打回票。

而且這種頭部受到撞擊的事故，往往來得突然，更非病患所願，根本不可能在車禍倒地的瞬間，決定讓頭的哪個部位先著地，因而造成研究上的一大挑戰。儘管如此，蔣永孝相信只要個案數量夠大，還是可以從不一樣的地方，找出一樣的東西，並從中找到解決之道，幫助這些患者走出困境。

這是條漫漫長路。在找到解決方案之前，如果這些病人一直覺得很不舒服，大部分會被推到精神科（又稱身心科），但精神科醫師會說那不是精神疾病，而是腦創傷引起的症狀，因為他不懂腦創傷，往往會把這些病人轉到神經內科。但神經內科醫師說，他看的是中風和腦神經退化疾病，因為不熟腦創傷引起的神經變化，便會再次把病人往外推。不少病人在醫院找不到可以幫助他的醫師，從此成了「醫療人球」。

在這種困境下，蔣永孝認為可一邊積極研發出診斷及治療腦創傷的方法和藥物，一邊處理病人的問題，但通常只能兵來將擋、水來土掩，頭痛就開止痛藥，有什麼症狀，就開什麼藥，就算是簡單的症狀治療，像要開哪種藥物？藥物要吃多久？都還有太多的問號。

然而，問題還是得解決，不能放著不管。環顧周遭的親朋好友，多多少少都有撞過頭的經驗，只是大撞與小撞的差異，如果撞得很嚴重，可能就當場死亡，或不醒人事被緊急送到醫院急診室。

如果撞得沒有很嚴重，接下要怎麼照顧，不僅病人不知道，醫師恐怕也不是很清楚，因為沒有研究，就沒有答案，大家都不曉得要做什麼，而這正是臺北醫學大學成立神經醫學研究中心的積極目的。

北醫致力投入腦創傷研究

眼看腦創傷常帶給患者及家屬相當大的困擾，邱文達任職北醫大校長期間，就曾帶領研究團隊聚焦在頭部撞擊導致腦創傷的研究上，期能在治療、檢驗、藥物、醫材及復健等面向有突破性的發展，造福更多患者。

這十幾年來，北醫大發表和腦創傷相關的研究論文越來越多，經常排名全球前五名，如何更上層樓、再創高峰，是研究團隊所有成員最重要的使命。中央研究院院士張文昌對此就有很深的感觸。

二〇一一年，張文昌從國科會副主委一職退下來，回到母校北醫大服務時，邱文達剛好入閣接任衛生署長，他就接下邱文達的棒子，領導神經醫學研究團隊繼續往前邁進。

在那之前，這個研究團隊持續固定在每個禮拜三早上七點半開會，風雨無阻，從不間斷，即使在COVID-19疫情期間，也是採視訊會議，繼續討論和輕度腦創傷有關的議題，包括退化性神經病變的診斷及治療、藥物研發進度等。

早上七點半開會，對那些幾乎每天都要在醫院開晨會及巡房的神經內、外科醫師來說，根本不是問題，但對張文昌這種一輩子從事基礎研究的人，就是個不小的挑戰，尤其是在冷冽的冬天。

但不管天氣再冷，張文昌每個禮拜三早上一定準時與會。大家看到既是團隊召集人，又具備北醫大董事長及中研院院士身分的他都出席了，更不敢晚到，每次幾乎全員到齊，少有例外。

台美在神經醫學領域合作研究

臺北醫學大學神經醫學研究中心多年來在輕度腦創傷的出色表現，引起美國國家衛生研究院（NIH）的高度重視，進而展開腦創傷研究的合作計畫，而 Barry Hoffer 是關鍵人物。

Barry Hoffer 曾長期擔任 NIH 藥物濫用研究所（National Institute on Drug Abuse, NIDA）的所長，一九七二年以來，一直參與巴金森氏症研究。當時他與美國國家心理健康研究所和瑞典卡洛琳斯卡研究所的 Urban Ungerstedt 博士一起在臨床前模型中，研究了首批六個 OHDA 模型（編注：替實驗鼠注射人工合成的神經毒素羥多巴胺，以誘發出現巴金森氏症），開啟這個研究領域的先河。

在過去的四十年裡，他與卡洛琳斯卡研究所神經生物學高級教授 Lars Olson 及其他人合作，在巴金森氏症涉及第一個胎兒黑質細胞移植的臨床前模型研究，論文於一九七九年發表在國際科學期刊《Science》，這是最早將人類腦細胞移植到臨床前的研究。

擔任 NIH 藥物濫用研究所所長期間，Barry Hoffer 和來自台灣的王昀博士合作，利用實驗室設施進行各種巴金森氏症臨床前大腦迴路的行為測試、免疫細胞化學和生化分析等研究，在國際神經醫學領域享有極高的聲譽。

二〇〇八年，張文昌還在國科會擔任副主委時，蔣永孝曾陪同 Barry Hoffer 到國科會拜會他，討論臺北醫學大學和 NIH 將在腦創傷研究領域展開合作計畫等相關事宜。國科會經過審慎評估後，決定給予三年研究計畫的經費補助，計畫主持人是當時北醫大校長邱文達。

從二〇〇九年至今，這項計畫還持續進行中，且採一年在台灣、一年在美國的方式，輪流舉辦台美神經醫學研討會，十幾年下來，成果相當豐碩。

造就人才培育佳話

其實，Barry Hoffer 和台灣有很深的淵源。曾擔任過三軍總醫院院長、國防醫學院院長及國防部軍醫局局長的李賢鎧，是 Barry Hoffer 早期在科羅拉多大學藥理學科當主任時的第一位博士班學生。就因為這層關係，他對台灣極為友好，當時還在國防體系服務的蔣永孝和王家儀等人，也因此到他後來服務的 NIH 從事研究工作。

臺北醫學大學神經醫學博士學位學程教授莊健盈，當年在成大拿到博士學位後，也在張文昌推薦下，前往 Barry Hoffer 擔任所長的 NIH 藥物濫用研究所（NIDA）當博士後研究員，從事神經保護研究。

接下來的幾年內，臺北醫學大學和國防醫學院又派了多位年輕老師到 NIH 持續進修。不難發現，Barry Hoffer 對台灣神經醫學人才的培育，扮演了非常重要的角色。

NIH 有二十七個研究所或中心，每個都有獨具特色的研究領域，國家藥物濫用研究所和國家老化研究所（National Institute on Aging, NIA）就是其中的兩個，都位在馬里蘭州的巴爾的摩市。

NIDA 致力於探究藥物濫用障礙的原因、後果和治療，後來在美國東岸巴爾的摩灣景校區，另外成立一個校內研究計畫的機構（NIDA IRP），更深入研究藥物濫用，以及可能導致對醫療、公共衛生和社會的重大影響。

NIA 主要整合科學發展量能，了解人體老化的本質，進而延長人類健康以及活躍的壽命，而支持和進行阿茲海默氏症的研究，是其主要任務。

張文昌於一九七〇年代拿到博士學位後，有兩年是在 NIA 從事博士後研究，後來 NIA 從馬里蘭州搬到巴爾的摩，就在 NIDA 的隔壁，因此他和當時任職 NIDA 的 Barry Hoffer 有所往來。

腦創傷是北醫大的強項及特色

張文昌認為，如果臺北醫學大學神經醫學研究中心要在國際占有一席之地，除了和 NIH 這種國家級的研究機構長期合作，更要培育自己的人才，但人才培育沒有辦法在短期內就看到成果，必須長期默默耕耘才行。

在這個前提下，北醫大先成立神經再生博士學位學程，後來改為神經再生醫學博士學位學程以及神經醫學博士學位學程，蔣永孝是首任主任，胡朝榮接棒第二任，二〇二三年由李宜釗擔任第三任主任。

十幾年來，每週三上午七點半舉行的討論會，都是神經醫學研究中心和相關博士學位學程的成員一起參加，既討論最新的研究進度，也有經驗傳承的積極目的。

經過多年辛苦耕耘，臺北醫學大學再度以「腦意識創新轉譯中心」獲選為二〇二三年教育部「高等教育深耕計畫」中的「特色領域研究中心計畫」。張文昌直言，這是二〇〇九年北醫和 NIH 合作計畫延伸下來的成果，非常不簡單，雖然過程艱辛，成果卻非常甜美。

腦意識創新轉譯中心有兩大主軸，其一是腦意識研究，其二則聚焦在「mTBI」（mild Traumatic Brain Injury），也就是輕度腦創傷。

張文昌指出，腦創傷是北醫大的強項及特色，有了教育部高教深耕計畫多年期的經費挹注，他相信一定可以做出令人眼睛為之一亮的研究成果，造福人類。

他舉例指出，台灣立法規定騎乘機車必須戴安全帽後，雖然中度及重度腦創傷個案明顯減少，但輕度患者卻變多了，逐漸出現一些臨床症狀。如何及早診斷未來可能出現的後遺症，進而開發出診斷方法及治療藥物，就成了未來幾年的研究重點。

首先，他認為要提升民眾對輕度腦創傷的認知程度。張文昌至今仍記得當年他在國科會服務的一件趣事，二〇〇八年蔣永孝陪 Barry Hoffer 到國科會找他，討論北醫大打算和 NIH 針對輕度腦創傷研究進行合作，於是他帶他們兩人去拜會當時的國科會主委李羅權。

李羅權聽完簡單介紹後，隨口問了一句：「Brain injury（腦創傷）就 Brain injury，前面為什麼要加個 mild（輕微）？」從此不難發現，就算是我國科學研究發展最高主管機關的首長，都不清楚「mild Traumatic Brain Injury」中的「mild」到底是什麼意思，更何況是一般民眾。

在李羅權和多數民眾眼中，或許認為腦創傷就是腦創傷，哪裡需要再分什麼輕度、中度或重度。但對臺北醫學大學神經醫學研究中心的研究團隊成員來說，輕度腦創傷雖不會致人於死，但未來可能出現的後遺症，卻更不容忽視，有必要深入研究並加以解決。

第二部

撞到頭就可能有腦創傷

輕度腦創傷是怎麼發生的？
對後續的生活和工作會帶來怎樣的影響？
透過四位腦創傷患者的現身說法，
讓我們瞭解：輕度腦創傷雖輕猶重，不容忽視。

第五章／輕度腦創傷個案1：車禍意外讓律師不得不放慢腳步

個案小檔案

主角：黃先生

身分：執業律師

腦創傷發生原因：車禍撞傷昏迷

後遺症：邏輯完整性下降、記憶力下降、記憶時間軸錯亂、講話卡卡、個性改變

二〇一五年的某月某日，是個再尋常不過的日子，但對黃先生來說，那天無所不在，卻又無處可尋。

無所不在，是因為那天的一場意外，後遺症至今仍深深困擾著他。無處可尋，則是自從那次意外以後，他的記憶力大不如前，已記不得那場意外到底發生在何月何日。

他唯一記得的是，那天一大早他一如往常騎機車出門，準備到一溪之隔的台北市上班。中正橋引道上的左轉專用燈亮起，他才剛要左轉，就被左後方一輛闖紅燈的車子從側面高速撞上。

當他再次醒來時，已躺在永和耕莘醫院的急診室，隨即被轉送到部立雙和醫院救治。除了手腳幾處擦傷外，並無明顯外傷，但因被疾駛而來的車子撞上，肋骨斷了八根，還合併血胸，連呼吸都會痛。

由於昏迷時間超過二十分鐘，黃先生被診斷為腦震盪，有必要留院觀察，因此他在醫院躺了十幾天，直到確認沒有其他嚴重的腦部傷害，斷掉的肋骨也逐漸癒合，才出院返家。

思考方式從理性變感性

在家休息幾天後，和朋友合開律師事務所的黃先生再次出庭。當天的書記官和他很熟，發現那天他的邏輯完整性明顯下降，以前開庭時他都可以非常順暢地和法官答辯，可是那天卻常講到一半就突然頓住，隔一、兩秒後，才又繼續講下去。

黃先生自己也有同感。他以前每次出庭都是信心滿滿，不管和法官應詢答辯，或是和對方委任律師交叉詢答，他每講一句話，腦中其實已浮現接下來要講的三、五句話，所以可以毫無阻礙連貫地一路講下去，現場負責記錄的書記官幾乎不用更動一字一句。

反觀那天開庭，他還特地帶了張紙條，上面寫滿當天要講的重點。因為他相當清楚自從出車禍後，記憶力下降，思緒無法集中，組織及邏輯性也較以前鬆散，深怕萬一講話前後不一，甚至講錯，那就糟了。

儘管如此，那天的表現還是不盡理想，他常講到一半就停下來，請書記官把剛講的某一句話修改一下，甚至整句刪掉，這是他多年律師執業生涯中從未有過的情形。

律師是個和邏輯、文字息息相關的行業，自從發生車禍以後，他感受到自己的邏輯完整性明顯下降，只好用比較感性的東西去填補那個空缺，他的思考方式也跟著改變。

對於這種「理性下降、感性上升」的改變，剛開始他還有點不太習慣，但時間久了，倒也樂在其中，常自我安慰這何嘗不是件好事。

從聲音記憶改為圖像記憶

車禍後的另一個改變，就是記憶力下降，以及隨之而來的因應之道。以前和客戶交談時，對方唸出一組電話號碼，他只要在腦海默唸一次就記住了，而且相當確信那組已記在腦海的號碼不會弄錯。

這種透過聲音的記憶方式，在車禍後就不管用了。比如「一二三四五」這組數字，他以前在腦中默唸一次就可以記住，現在則要唸個三、四次，再三確認這組數字的正確性。可是當他默唸到第四次或第五次時，就可能只記得其中的「二三四」，前後的「一」和「五」在複誦過程中竟不見了。

因為透過以前慣用的聲音記憶方式，沒辦法將這組數字很快放進他的腦袋裡，他只好改用圖像來記憶，把「一二三四五」這組數字圖像化，再記到腦海裡面。

從此他才知道，原來自己擁有聲音和圖像兩種記憶方式，聲音和文字邏輯的記憶是連在一起的，而圖像記憶則是另一個區塊，既然聲音和文字邏輯的記憶強度下降，就只好改用圖像記憶來彌補。

自從把記憶方式從聲音改為圖像後，影像就會不時在腦中浮現，他再根據腦中的影像或場景說話，用來描繪場景的形容詞也跟著變多。他仔細比較後發現，以前的記憶大多是文字或數字，影像很少；現在則相反，影像變多，文字和數字則少了很多。

整體而言，黃先生自認不管是邏輯性或是記憶力，最近幾年都明顯變差，他確信是車禍造成的後遺症。為了找回自我，他曾斷斷續續回想當年車禍後，被送到永和耕莘醫院和雙和醫院的片段回憶。

記憶的時間軸錯亂

他記得住院那幾天，整個人昏昏沈沈的，有點像吃了感冒藥引起的副作用，有時明明醒著，腦袋卻鈍鈍的，好像還沒睡醒，沒什麼精神。雖然講話還正常，思緒卻相當鬆散，沒辦法聚焦，記憶就像斷了線的風箏，無法像以前那樣隨心所欲操控，斷斷續續、連貫不起來。

舉例來說，他是在車禍過了三、四個月後，才稍微回想起曾經歷過的那場意外，但細節怎麼也想不起來，直到看了警察提供的現場錄影帶，才知道自己曾在鬼門關前繞一圈，可是卻想不起來發生在何年何月何日。

他一直認為，這是記憶的時間軸出現混亂所造成。自從那次車禍腦創傷後，就算是前幾天才發生的事情，他還要回想一下，才能確認到底是不是前幾天發生的，結果一想再想後，他就混淆了，分不清那件事到底是幾天前發生的，或是很久以前發生的。

這些年來，他甚至發覺自己越來越常把最近才發生的事，誤認為已經發生一段時間，這是因為他腦袋裡的時間軸亂掉了。在腦海裡反覆想了幾次後，就會把那件明明幾天前才發生的事，放到舊的資料庫，變成很久以前發生的事。

身為執業律師，他手上大概同時會有七、八十件案子，以前相當清楚這些案子的內容，但自從車禍之後，新舊記憶出現混淆，他常搞不清這個案子是發生在很久的過去，或是不久前的過去，只知道都是過去的事。

也就是說，他雖然很清楚某些事情的片段，但就是不曉得該把這些片段擺在哪個時間點。但由於時序的錯亂，讓原本可以同時處理四、五件案子的他，現在只能專心處理一件。

講話變得卡卡的

現在他的工作效率不如以往，因為不論是從思考、講話到做事的速度，全部都變慢了。律師常給人一種精明幹練的印象，思路清晰、講話很快且有條不紊，黃先生以前就是如此。

他常感嘆，雖然他現在思考和講話的速度仍比一般人快很多，但以前更快，至少是現在的兩倍以上，有時甚至腦袋跑的速度快到嘴巴跟不上，但自從車禍受傷後，一切都改變了！

他常一件事想了又想，五秒或十秒後，腦袋卻突然「啪」一下，有點像燈泡突然變亮，接著又變暗，思緒整個停下來，只好重新再跑一次，思考速度當然變慢。

受此影響，原本才講到一半的話，就停在那裡，他也不曉得要怎麼接下去，只好等思緒整理好且重新啟動後。再繼續講下去。

對於這種以前從來沒有出現過，講話有時會出現卡卡的現象，黃先生雖然感到無奈，甚至有點悲哀，卻也只能習慣它、接受它，講話速度就慢一點，做事的節奏也放緩一些。

這幾年下來，他發覺自己的個性變得比較溫和，「這在以前，根本就是難以想像的事。」

不過，他也知道，既然思考、講話和做事的速度不再那麼快，也沒那麼完整，這是沒辦法的事，就只能接受事實。相對的，人也因此變得比較圓融，這或許也算是因禍得福。

有時候，他還是覺得不甘心，想試著讓大腦動得快一點，可是只要大腦的轉速快到某個程度，頭就開始痛起來，有時甚至痛到他懷疑自己是不是要中風了？只好讓全速運轉的大腦降載下來。

而這種痛，是一陣陣隱隱的抽痛，本來只侷限在頭的左側，但自從他先後感染兩、三次新冠肺炎後，抽痛的範圍擴大，尤其是在大腦高速運轉的時候更是如此。他只好降低大腦運轉的速度，甚至讓大腦整個放空，試著和自己的身體對話，找到共存之道。

整個人變不一樣

回想起當年意氣風發的模樣，再看看眼下的狀況，黃先生難免感到挫折，但他知道自己只能接受現狀，學著放慢、放下，活在當下，才能快快樂樂。

現在的他，不僅重新找到快樂的方法，周遭的人也深受其惠。以前的他能力超強，對一起工作的同事要求很高，逼著他們要跟上自己的腳步，當然會引來一些怨言。如今，他自己感受到能力下降的苦楚，有了更多同理心，知道連自己都做不到的事，如果還要求同事也要做到，那是一件很奇怪的事。

這種為人處事的轉折，他的太太看在眼裡頗有感觸。她不僅找回更加顧家的丈夫，也從他漸趨圓融的處世態度中，看到更寬廣的未來。

至於那些有業務往來的客戶，也感受到他的轉變，不再像以前那麼尖銳，不再那麼咄咄逼人，不再那麼不留餘地，也不再堅持自己一定對，而對方一定錯，取而代之的是理解與包容。

他常把人比喻為一部機器或引擎，以前的他太過急躁，常把自己操過頭，再好的機器、功能再強的引擎也會被操到故障，不僅自己辛苦，身邊的另一半、同事及客戶也會遭到波及，大家都不好過。

如今，他學會放慢腳步，看待事情的角度不一樣了，和人相處的態度也做了調整，才赫然發覺，現在的他竟和以前的他完全不一樣。

黃先生有感而發地說，車禍那天，才是他人生的另一個起點。

醫師分析

黃先生在車禍後記憶力變差，其實和工作記憶的變化有關。

我們的記憶系統可分為感官記憶、長期記憶和工作記憶三大類，其中工作記憶又稱為短期記憶，三者互有關聯，感官記憶和長期記憶都會變成工作記憶，而工作記憶也會累積成為長期記憶。

工作記憶（Working memory）是一種記憶容量有限的認知系統，被用來暫時保存資訊，一般認為工作記憶和長期記憶類似，但也有人認為，工作記憶只做為短期資訊的儲存，這兩種記憶形式並不相同。

工作記憶是由語音、視覺和中央處理系統組成，對於推理、指導決策和行為有重要影響，它會在短期內儲存資訊，再將這些資訊轉變為長期記憶。

日常中最常見的工作記憶是數字，比如查到一家餐廳的電話號碼，就會暫時記在心中，撥完電話完成訂餐後，很快就忘了那組電話號碼。雖然記憶的時間很短，卻是生活和職場中相當重要的一環。

如果覺得這些資訊很重要，就會透過重複、背誦等方式，把工作記憶轉變為長期記憶。日常生活中的工作記憶多如牛毛，像是要到餐桌倒杯水，經過書桌看到今天報紙頭條新聞很有趣，就停下來翻閱報紙，忘了要倒水的這件事。

有人把工作記憶形容為「心中的小黑板」，容量並不大，在做某件事情時，可以同時在上面做個小計算，或是和別人聊天。可以隨時停掉，也可以把裡面的記憶清除，再做其他運用。

臺北醫學大學腦意識創新轉譯中心主任陳震宇表示，工作記憶就是腦的中樞神經要在瞬間去處理複雜資訊的能力，也是職場工作的基本能力。輕度腦創傷患者除了會有頭痛、暈眩、睡眠障礙、注意力不集中及情緒障礙等問題外，工作記憶有時也會受影響，但這種狀態一般都會在持續三個月後，就自然緩解。

電腦斷層掃描（CT）和核磁共振掃描（MRI）等影像檢查大都看不出有工作記憶的問題，而這些病人中有十五～二十％即使過了一年，工作記憶還是無法恢復，沒辦法工作。

幸好功能性核磁共振掃描（fMRI）可以從大腦結構的改變中，找出哪些患者有工作記憶的問題，及早介入治療及復健，協助這些病人走出困境。（請見第十四章）

第六章／輕度腦創傷個案2：夜半夢遊傷到頭導致記憶衰退

個案小檔案

主角：李先生

年齡：七十三歲

腦創傷發生原因：夜半夢遊跌倒撞傷

後遺症：記憶力明顯衰退

除了交通事故外，會導致腦創傷的原因相當多，像半夜起床撞到頭，運動時不小心跌倒，或是頭部遭到毆打等，都有可能出現意想不到的狀況，現年七十三歲的李先生就有相當深刻的感受。

那是多年前的一段往事。他每天從土城家中開車到內湖自己開設的自動控制公司上班，必須要有充分的睡眠，但他的睡眠品質卻不太好，常常半夜就莫名其妙下床，並在睡夢中到處遊走。

快速動眼期引發的神經異常

有人稱之為「夢遊症」，但醫師認為那是「快速動眼期」（睡眠的做夢階段，眼球會快速活動，也會有肌肉無力和運動抑制的生理現象）引發的神經異常。很多人睡覺都會做夢，醒來後大都忘了夢裡的情境，而且做夢時身體動作的神經和做夢內容並沒有連接，即使夢到自己在尖叫或是拔腿狂奔，睡夢中並不會跟著尖叫或狂奔，只是安安靜靜地睡著。

反觀快速動眼期引發神經異常，患者就像夢遊一樣，夢到手在動，手就真的揮舞起來；夢到自己在走路，就真的下床行走。

有一次，李先生夢到有人拿狙擊槍要射殺他，情急之下他一躍而起，衝到牆角躲起來，卻不小心撞到門框，頭痛得不得了，當下就痛醒了。當他用手去摸頭，感覺濕濕的，仔細一看原來是頭撞破了，流了一堆血。

他趕緊拿出家裡的常備藥箱，簡單止血及包紮後，隨即上網查出他的症狀和睡眠快速動眼期的一種神經病變有關，於是跑去醫院掛號看診，神經內科醫師也做出類似的診斷，開了抗癲癇藥物給他。

為什麼要吃抗癲癇藥物？那位神經內科醫師回答，他的神經傳導出了問題，不聽指揮，只好透過抗癲癇藥物把神經傳導阻斷，讓他回到常態。醫師還說，那種藥可能要吃一輩子，讓他沮喪不已。

其實，那次意外可能不是他第一次出現類似的狀況。他回想以前，應該已有好幾次，例如在睡夢中下床喝水或上洗手間，不小心撞到桌椅而摔倒，只是沒有造成明顯傷害，就沒放在心上。

為免再出現類似狀況，他乾脆搬到沒有床鋪的和室睡覺，買了露營專用的睡袋，睡覺時整個人鑽進去，再把拉鍊拉上，心想這樣入睡後，就不會掀開睡袋，也不會隨著夢境往外走，自然不會摔倒或撞傷。

沒想到這一招還是沒用。進入夢鄉後，他還是會不自主地拉開睡袋的拉鍊，依舊到處遊走，隔天早上發覺沒睡在睡袋裡面，也沒受傷，才慶幸自己命大

有天晚上，他夢到自己回到高中時代，一個人躲在教室不想去參加升旗典禮，但總覺得心虛，所以每隔一陣子就打開教室的門，看看同學們是不是升完旗要回來了。就在那時候，他夢醒了，赫然發現自己已走到家門口，正打開大門往外張望。

回想起那一幕，李先生至今仍心有餘悸，萬一那時候他沒醒過來，很可能就走出

家門，直接走到大馬路上，那就太危險了！

常忘記自己正要做或做過的事

以前他總認為，反正不是急性疾病，就放著不管，直到那次差點在睡夢中走到大馬路，才讓他驚覺事態嚴重，趕緊把之前神經內科醫師開的抗癲癇藥物拿出來吃。剛開始每天吃一顆，後來就改成一顆半，直到現在。

這種藥有鎮靜效果，自從開始服用，症狀便明顯改善，入睡後比較不會如夢遊般到處遊走。但偶爾還是會有些狀況，像有次他看電視看到睡著了，夢中看到一隻蟑螂在前面跑來跑去，他隨手拿東西砸過去，聽到「砰」的一聲，當下驚醒過來。他睜眼一看，根本沒有蟑螂，但原本拿在手上的電視遙控器，已經躺在遠遠的地上。

一旦出現這種情形，他就自行把抗癲癇藥的劑量往上加，直到他感覺好一點後，再把劑量調回來。

李先生說，他的記性向來很好，念大學時是個很懶的學生，往往到了考試前一個禮拜，才開始拚命K書。他記得有次要考心理學，整本教科書都是圖表和數據，內容艱深，但他就是有辦法記住，因此考了不錯的成績。

只是隨著年紀漸大，他的記憶力逐漸衰退，自從出現快速動眼期引發的神經異常後，衰退幅度更是明顯。

他習慣在晚上把洗好的衣服拿到陽台晾掛，常常睡了一覺後，隔天早上醒來，以為自己還沒洗衣服，趕緊跑去掀開洗衣機的上蓋，發現裡面空空的，再走到陽台，才發現衣服早已晾在那裡，但他一點印象都沒有。

有時候，他突然想起該吃藥了，就走到廚房倒杯熱水，可是才走到廚房，就忘記到底要幹什麼。

「這已不是一次、兩次了。」面對這種經常發生的狀況，李先生感到悲哀，卻也莫可奈何。

不知不覺中記憶力衰退

他認為自己記憶明顯衰退可能的原因有三：一是自然老化的結果，二是老人失智症或巴金森氏症的臨床表徵，第三則是半夜夢遊經常撞到頭所造成的後遺症，但因缺乏科學分析，他也不知道哪個才是真正的原因。

他事後回想，這種記憶力衰退的現象大概八年前就開始了。那時候他熱衷公益活動，和一群朋友組一個合唱團，常到養老院或國父紀念館等地方，唱歌給老人家聽。

為了這些活動，他們平常會聚在一起練歌。自詡年輕時記憶力相當不錯的他，大約從八年前開始忘詞，常唱著唱著就忘了下一句歌詞，不管怎麼背，就是背不起來。後來他想了個方法，每次都帶著歌譜出門，邊看邊唱，才解決這個棘手的問題。

如今回想起來，「八年前」開始記憶力衰退，是他從唱歌這個既定印象中推算出來的，也許更早之前就出現了，只是他沒察覺而已。

李先生到雙和醫院就醫時，在神經內科醫師建議下，參加一項臨床試驗，每隔一段時間就要接受各種檢驗。其中一項是記憶力測驗，工作人員會唸出十二個包括動詞、名詞等彼此沒有相關性的詞彙，如蘋果、走路和椅子等，他聽完之後，馬上跟著重覆唸一遍。

這種測驗可以重覆做，少數記憶力超強的人，一次就全部唸對。一般人第一次做會錯一到三個，通常重新測驗到第三次時，就可全部唸對，但對於像李先生這種有過腦創傷的患者，測驗成績就不一定了。

剛開始，他大概可以正確唸出七個詞彙，後來逐漸減少到五個，最後只剩下三個，無論測驗再多次，最多只有三個正確。有時候他會趁著印象還深刻，先唸出最後三個，但接下來就完全忘記前面那九個詞彙，就算想破頭也想不起來。

想方設法減緩衰退速度

為了解決這個困擾，他請教醫師是否有治療的方法，得到的答案是「沒有」，只能透過一些方法減緩記憶力衰退的速度，例如多運動、多做一些腦力激盪的活動、多補充維生素，吃好一點和儘量睡飽。

李先生因罹患心血管疾病，心臟功能不好，沒辦法從事較劇烈的運動，平常運動以走路為主，每天都走到附近的公園，再繞到菜市場逛一圈，順便買些東西，再走原路回家，一天大概可走八千到一萬步。

和三五好友打打麻將，被公認上了年紀的老人家最好的腦力激盪活動之一，但李先生的生活相對簡單，且有輕度巴金森氏症，加上不耐久坐，並不適合方城之戰。醫師建議飲食要多補充維生素，他平常就有吃維生素C和鈣片的習慣，吃的還算可以。

至於要盡量睡飽、睡好，他坦承有些難度。「我本來睡眠品質就差，真的沒辦法睡好一點。」他每晚睡前都要吃抗癲癇藥物，就像吃安眠藥一樣，只求半夜不要再隨著夢境到處遊走，睡得好不好，已在其次。

其實，他不只害怕半夜不小心走出家門，最近連白天在外面走路，也常擔心回不了家。李先生透露，他近來常走著走著，突然間就不知道自己人在何處，空間感整個喪失，就算是在走過不知多少次的熟悉道路上也是一樣。

雖然不是每件事都會忘得一乾二淨，卻足以讓他感到沮喪。想想自己已活到七十幾歲，加上近來健康狀況不是那麼好，他偶爾會希望有天突然就走了，平平安安地走了，那將是件不錯的事。

朋友們聽了這些話不禁黯然，但也不知從何安慰起。有人告訴李先生，他除了白天的正常生活，晚上睡覺還常常隨著夢境到處遊走，過的可是「雙倍的人生」，他知道那只是一句安慰話，卻聽聽也有幾分道理。

他始終認為，生命的意義不在長短，而在豐富度。從「雙倍人生」這個觀點看來，他確實已比別人活得更久了。

醫師分析

讓李先生飽受困擾的「快速動眼期睡眠行為障礙」（Rapid eye movement sleep behavior disorder, RBD），是一種將夢境付諸行動的睡眠障礙。顧名思義，這是涉及快速動眼（Rapid eye movement, REM）睡眠階段的異常行為。

北醫附醫精神科主任李信謙表示，一般人入睡後進入快速動眼期的做夢階段，會有肌肉無力和運動抑制的生理現象，頸部以下的肌肉完全癱瘓，手腳四肢不會跟著夢境而動作，這是正常的生理現象，一來可讓自己睡得好，二來也有保護作用。

快速動眼期睡眠行為障礙的病人並不常見，他們常在完整的快速動眼睡眠期間，出現肌肉無力及運動抑制功能喪失的現象，從簡單的肢體抽搐，到無意識使用暴力等更複雜的綜合行為，常造成個人或同床者受傷。

李信謙指出，睡眠過程中，快速動眼期除了容易做夢外，也具有類似記憶整流的作用，把不好的記憶蓋住，把好的記憶保留下來。

一九八〇年代以後，快速動眼期便被視為對創傷後壓力症候群（PTSD）患者是一種保護作用，經過一個晚上快速動眼期的惡夢之後，有時會把造成心理壓力的負能量消除掉，第二天早上醒來時心情可能會好一點，不見得不好。

之後的研究陸續發現，一些創傷壓力事件後出現憂鬱症的病人，比較傾向將把不好的記憶留下來，逐漸出現一種害怕的心理傾向。這在人類演化史上，其實具有某種程度的意義，因為這樣可以讓人趨吉避凶，減少意外傷害，增加存活率。

但過度的「避凶」，會進一步促發創傷後壓力症候群的行為模式，比如不敢開車，搭車會害怕上高速公路，或是出現一些嚴重失衡的行為問題，但這種情形會不會衍生出現快速動眼期睡眠行為障礙症候群，還有待進一步的研究。

對於像李先生這種病人，李信謙認為可從藥物治療和環境改善兩個方向著手。以藥物來說，有一種苯二氮平類的抗癲癇藥物是目前的主流選擇，作用在神經傳導物質的細部機制不太一樣，且屬長效型，雖有症狀緩解效果，但因容易影響第二天的認知功能，醫師在使用這種藥物時，通常會比較保守。

至於環境改善就比較簡單，例如一個人獨睡，或是改睡在榻榻米或地板上，不要睡在高出地面的床上，就可以減少從床上摔下來的風險。

國外研究報告指出，通常這種病人不太會做好夢，反而經常做一些具有攻擊性的惡夢，例如夢到自己是正和印第安人激烈打鬥的西部牛仔，結果第二天早上醒來，發現睡在一旁的另一半被揍得鼻青臉腫。

也有報告指出，有病人夢到和黑道份子打架，一拳打出去後，打到的卻是硬梆梆的牆壁，手就骨折了。

好好處理腦創傷，可以緩解睡眠障礙

李信謙表示，睡眠廣泛受到大腦皮質及大腦皮質底下很多路徑的管控，睡眠約占日常生活中三分之一的時間，是每個人一生中非常重要的機制。如何維持睡眠恆定，是相當重要的一件事，但能否達到睡眠恆定受到不少因素影響，腦創傷就是影響因素之一。

長期以來，精神科醫師通常會把輕度腦創傷導致的睡眠障礙，和創傷後壓力症候群連在一起，他們發現這些病人一閉上眼睛後，那些驚悚畫面就會浮現，晚上常無法入睡。好不容易睡著了，常睡到一半就因惡夢而驚醒。這些睡眠障礙，因此被當成診斷創傷後壓力症候群的標記之一。

除了入睡困難及容易做惡夢外，後來又逐漸發現這群病人常有早醒的問題。由於晚上睡不好，白天就容易有嗜睡、注意力不集中及暈眩等情形，對日常生活及工作造成重大影響。

如果是輕度腦創傷導致的睡眠障礙，目前普遍朝心理及生理兩個面向來探討。心理層面的原因，不外是受到驚嚇及創傷後壓力症候群；生理層面則和整個大腦神經系統因撞擊產生震動後，引起神經傳導物質分泌不均衡，或是神經傳導路徑出現障礙有關。

不管是來自心理或生理層面，這兩個因素有可能單獨存在，也可能合併出現而交互影響，因此必須綜合考量，才能有效緩解睡眠障礙。

李信謙表示，睡眠是每天都要經歷的過程，其重要性不言而喻，只要出現睡眠障礙，就一定要積極處理。他常發現有些病人過於輕忽，未能在早期好好處理，後來因為對睡不好感到擔心，進而出現焦慮，久而久之就出現慢性失眠現象，睡眠障礙更加明顯。

為免出現這種情形，醫師必須及早給予衛教指導，告訴病人這些睡眠障礙是來自於腦創傷，只要好好處理腦創傷造成的傷害，維持正常的生活作息，其實是可以緩解的。

不過，這並不是件容易的事，病人往往處於過猶不及的處境，不是一開始就放著不管，就是太積極去處理，前者會讓睡眠障礙更加惡化，後者則有過度依賴安眠藥的問題。

面對這種兩難，醫師首先要處理共病的問題，也就是先釐清造成睡眠障礙的原因，把可以處理的問題先解決，再來專心應付急性壓力反應或創傷後壓力症候群之類的情緒問題，像補充一些類似血清素的藥物，可以讓病人的情緒維持穩定。

急性壓力反應或創傷後壓力症候群的症狀緩解後，再給予心理學或認知行為治療，有助提升病人的睡眠品質，逐漸擺脫睡眠障礙的困擾。至於安眠藥的使用，則是症狀無法緩解下的最後選項。

延伸閱讀

苯二氮平類安眠藥

苯二氮平類安眠藥（Benzodiazepines, BZD）是一種中樞神經抑制劑，可調節腦內γ-胺基丁酸濃度，達到鎮靜安眠、抗焦慮、抗痙攣及肌肉鬆弛的目的，長期服用容易出現耐藥性和依賴性，突然停藥則可能出現反彈性失眠及戒斷症狀。

第七章／輕度腦創傷個案3：兩度腦傷讓年輕女子流失超強記憶力

個案小檔案

主角：劉小姐

身分：三十九歲年輕女性

腦創傷發生原因：摔倒，多年後又被機車撞倒

後遺症：記憶力明顯衰退、容易頭痛

現年三十九歲的劉小姐深受腦創傷之苦，家人常覺得她最近幾年「明顯變笨了」，而這一切都要從二十年前的一場意外說起。

二十年前，她還是政大的新鮮人，有天和同學在籃球場打球。他們把球場一分為

二，一邊都是女生，另一邊則都是男生。突然間，一個男同學為了救球直衝過來，把她撞飛倒地，由於衝力太大，她整個人沿著球場旁的階梯一路翻滾下去。

事故發生後的記憶一片空白

「那真是一場意外。其實，那一天接下來到底發生了什麼事，我已沒什麼印象。」劉小姐只記得，同學說那天她摔下樓梯後就昏迷了，手腳有些擦傷，一起打球的同學立即把她送到萬芳醫院急診室救治。

當她恢復意識時，人已在中和的家中。後來那些同學告訴她，那天離開萬芳醫院急診室時，大家擔心她的狀況，想陪她搭計程車回家，但她堅持自己沒事，婉拒同學的好意，選擇自己搭公車回家。

過了這麼多年，她始終不記得那天到底發生了什麼事，只記得被撞飛摔倒前的那一幕，至於事後被同學送到萬芳醫院急診室，以及出院後自己搭公車回家的過程，她一點印象也沒有。

事發半年後，有天接到萬芳醫院護理師打來的電話，她覺得很奇怪，一直問對方為什麼突然打電話給她？那位護理師很客氣地回答，其實半年來她每個月都有回醫院看診，院方每個月也都會打電話追蹤她的病況，關心她記憶喪失的復原情形，只是她怎麼也想不起來有這些事。

護理師還告訴她，院方有打電話給那天送她去醫院的兩位同學，進行後續追蹤訪談，一方面側面了解她的情況，另一方面是請那些同學隨時留意她的身體狀況，一旦發現有持續嘔吐等情形，一定要再陪她回診。

根據那兩位同學在追蹤訪談的回報，當時最讓她們印象深刻的是，劉小姐一直停留在事發當天打球前的情境裡，幾乎一直重複講著同樣的話，而且以為自己要去上同一堂課。

劉小姐記得事發當天是禮拜三，她是經濟系輔修法律的學生，那天有堂必修課是總體經濟學。同學後來告訴她，那一陣子她幾乎每天都一再問同學：「我們是不是要一起去上那堂課？」，儘管那門課已經修完了。

受傷後有一陣子，劉小姐覺得自己的記憶是零散且破碎的，雖然還是正常過日子，由爸爸開車接送上下學，但很多事都是聽別人講了才知道。例如，她每天會在某個時間要去上某堂課，會問同學是不是也要一起去上課？教科書帶了沒？甚至不斷問同學有沒有帶螢光筆？

摔車後的震盪效應

這種情形大概持續了半年多，記憶才慢慢恢復正常。幾年後她順利畢業並進入職場工作，過著朝九晚五的日子，直到二〇一五年出了一場車禍，整個人生再度經歷一場大變動。

那是個冬天的早晨，她穿上厚厚的衣服，騎機車出門上班，才過了一個巷口，就被另一輛速度飛快的機車撞倒。

由於衝撞力道太大，她那輛機車的龍頭整個斷掉，她滑行翻滾了一、二十公尺才停住，衣服都磨破了。當下她的意識還算清楚，只覺得擦傷流血的手腳很痛，等警察做完筆錄後，她到附近一家診所擦藥包紮，沒多久就開始乾嘔眩暈。

那時候她覺得，眼前一下子白、一下子黑地不停閃著黑幕。醫師初步判斷可能是腦震盪引起的症狀，建議應該轉到大醫院接受比較詳細的檢查，但她擔心媽媽不久前脊椎才開過刀，行動不是很方便，萬一她需要住院治療，媽媽也照顧不來，就選擇先回家休息。

結果回到家才躺不到半小時，她就開始嘔吐，媽媽一看不對勁，馬上帶她搭計程車到雙和醫院掛急診。

急診醫師判定需要住院觀察及治療，但因那天醫院病床已滿，建議她先留在急診室等病床。她跟媽媽說還是算了，決定出院回家，沒想到回到家後，一連在床上躺了三個多月。

「我只要一睜開眼，就天旋地轉，也開始嘔吐。」劉小姐一想到當年的情景便不勝唏噓，「就連靜靜躺在床上，只要一張開眼睛，就覺得天旋地轉，暈到不行。」而且伴隨的是眼前一下子白、一下子黑的視覺暫留現象，一時看不到東西。迫不得已，她只能安份地躺在床上，只喝流質食物，或施打一些營養劑。

當她覺得狀況稍稍好轉，試著下床活動時，卻常出現不定時的劇烈頭痛，還伴隨著眼壓升高造成的眼窩疼痛，而且一痛就吐，她只好留職停薪三個月，整天待在家裡，哪裡也去不了。

等狀況穩定，她才到雙和醫院回診，先後接受神經內科和神經外科醫師的診療。由於她是新傷合併舊傷，加上輕度腦創傷不易診治，醫師只能用症狀治療，緩解她的不適。

在診療過程中，醫師邀請她參加一個臨床研究，協助醫界找到更多新的治療方式，既可幫助自己，也能幫助更多和她有同樣遭遇的病友。

從記憶超人變笨蛋

回首過去二十年，劉小姐覺得自己的人生轉了個彎。發生兩次意外之前，她自認記憶力還不錯，圖像記憶力更是傲人，同學唸書是記課文、記筆記，她則是記課本的哪個區塊在講哪些重點，記得非常快，同樣的內容大概看個兩次，就可以記起來，考試對她來說，從來不是個問題。

但自從八年前發生車禍以後，她明顯感覺到記憶力變差，而且記憶變得零散而破碎，有些小事情都記不住，連姐姐都說她變笨了。

有時候跟別人說話，她只不過轉了個話題，下一秒就忘記剛剛講了些什麼；或是東西隨便一擺，才過一下子，就不記得到底放到哪裡去了。現在的她只能把有限的記憶力投注在工作上，至於生活上的細節，能記就記，記不住的就任由它去了。

這種轉變，在這些年來院方做的測試中都有呈現出來。雙和醫院進行的臨床研究試驗，每半年要做一次，每次約需半天左右，抽完血後，會先做問卷訪談，問她生活有沒有改變、睡眠品質好不好、胃口如何，以及記憶力變化等情形。

接下來，才進入測試階段。第一個是平衡感測試，工作人員會請她站在一個機器上面，雙眼同時直視前面的螢幕，如果能看到螢幕上的一個圓點，就代表雙腳是站到最平衡的位置，而且要持續站三分鐘左右。工作人員緊接著會請她閉上眼，再張開眼睛，但螢幕上的圓點會消失。這種平衡感測試，會重複進行三到四次。

第二個測試會在她的頭上黏貼片，她猜想可能是測試交感神經和副交感神經反應，再綜合評估她的自律神經狀況。

第三個是記憶力測試，工作人員會先唸十二個沒有關聯性的語詞，唸完後要她立即複述一次，看幾個答對、幾個答錯。如果沒有全部答對，可以再測試一次，看看記憶力有沒有進步。

另外還有反應度測試和邏輯性測試，其中反應度測試是看螢幕上的圖像作答，如果出現的是英文字母，就按手上的鍵，如果出現的是其他符號，就不要按鍵，而且變換忽快忽慢，必須跟著節奏按鍵作答，每次大概交叉進行十幾分鐘。

至於邏輯性測試，螢幕上會出現正方形、三角形及圓形等各種形狀，有紅色、黃色、藍色和綠色等不同顏色，螢幕會先出現兩個圖，接著再出現第三個圖，這時就要回答第三個圖和前面兩個圖之間，到底有無形狀、顏色或數目的相關性，或是完全不相關。

被病痛綁架的人生

持續幾年測試下來，劉小姐發現自己的大腦功能逐年衰退，記憶力更是明顯。第一次做記憶力測試時，她十二個全答對，看得工作人員目瞪口呆，直說「妳真的有受過傷嗎？」

往後的幾次測試，她的表現已不如以往，目前頂多只能記住其中八、九個，成績雖然不算差，但她自己有感覺記憶力明顯衰退。

即便如此，她的表現已讓同是輕度腦創傷的謝先生欣羨不已。他也有參加同樣的臨床試驗，做過一樣的記憶力測試，但不管再怎麼想破頭，工作人員唸出的十二個語詞，他最多答對八、九個，但最近幾次是每下愈況。

過了這麼多年，劉小姐已慢慢接受記憶力變差，甚至感覺自己變笨的事實，但身體不舒服這件事，卻仍讓她難以接受。

她原本是個喜愛戶外運動的陽光女孩，但自從車禍腦創傷以後，只要太熱、太悶、濕度太高或是天氣即將變化之際，頭就會痛，覺得很不舒服，只好儘可能待在有空調的室內。

這種被病痛綁架的生活，讓她很不開心，但日子終究還是要過下去。

醫師分析

臺北醫學大學神經醫學博士學位學程教授周思怡表示，負責記憶的腦區有兩個，分別是大腦較深層的海馬迴，以及比較靠近頭骨的皮質。我們接收到的訊息，會透過這兩個腦區神經元的突觸（編注：神經需要彼此連結才能發揮作用，神經元傳遞訊息的軸突會去連接其他神經元接受訊息的樹突，而軸突跟樹突連在一起時，稱為突觸），轉送到下一個神經元的突觸，再一路傳送下去，並在這個過程中形成記憶。

神經元的突觸越多，傳送的資訊量越大，記憶力就越好，反之亦然。頭部遭到撞擊時，這些神經元的突觸可能會萎縮或掉落，傳送資訊的量和速度就會變少、變慢，記憶力也會隨之變差。

此外，突觸跟突觸之間的連結，也會因為撞擊而受到影響，沒有辦法形成很好的記憶網路，明明剛剛才講過的話，一轉身就忘了。臺北神經醫學中心副院長胡朝榮表示，原本記憶力超好的劉小姐，就是典型的例子。

在車禍後的急性期裡，灰質（編注：中樞神經系統神經元集中的地方，色澤灰暗，由神經元、神經膠質細胞、毛細血管組成）的神經纖維及黑質（編注：中腦最大的神經核，會分泌多巴胺至大腦中的基底核）的神經細胞都會受損，其中以灰質的神經纖維受損較嚴重。如果我們把神經細胞看成一條電纜線，可以把訊號傳出去，也會把訊號送回來，一旦受到外力撞擊導致外面的髓鞘損傷，訊號傳輸的速度就會變慢。

臺北市立萬芳醫院急診重症醫學部副主任廖國興表示，劉小姐在車禍導致腦創傷後，記憶力確實會變差，這是因為大腦是個相當精密而神秘的構造，看不到也摸不著，只能透過影像檢查如功能性核磁共振掃描（fMRI）窺知一二，了解哪個區域負責哪些功能。

然而，這些腦組織的對外連結如何運作，以及記憶形成的細節，像如何從A傳到B，又如何從B傳到C，目前醫界還不是很了解。

廖國興以高階手機來形容大腦，裡面有不同的晶片，負責處理不同的功能，如果不小心摔到地上，晶片可能受損，晶片和晶片之間的連結也可能斷掉，手機功能就會下降，若不是更換新手機，就是送修更換裡面的零件。

同樣的，人的腦部如果受到撞擊而受傷，腦功能會下降，記憶力也會變差，有些新的事務沒辦法儲存進去。面對這種情形，我們沒辦法更換裡面的腦組織，只能改採其他代償方式，儘可能維持原有功能，但速度及能力難免下降。

一般來說，腦創傷過了急性期後，大腦會想辦法讓功能恢復，但受創的那個腦區已沒辦法完全運作，很難再回到原有的狀態。像劉小姐的大腦迴路受到影響，記憶的方式會改變，可能從原本擅長的圖像或區塊記憶模式，改為一般人常用的文字記憶模式，效果當然會變差。

值得期待的是，神經科學的發展快速，像特斯拉創辦人馬斯克的「腦機介面」，或是全球各研究團隊積極努力的方向，都在想辦法解決這個問題。

臺北醫學大學神經醫學博士學位學程教授周思怡帶領的研究團隊，也聚焦在這個領域，也許接下來的五年內，人類對記憶等大腦功能會有更多的了解，有些問題或可得到解決。

延伸閱讀

腦機介面

腦機介面（Brain-computer interface, BCI）是指人腦與電腦等外部裝置建立直接的連結通路，可單向從人腦發出指令，由電腦接收後並執行；或是反向從電腦發出指令，再由人腦接收並執行。至於雙向的腦機介面，讓人腦和電腦的資訊可以雙向交換。

在腦機介面的定義中，「腦」是指有機生命形式的腦或神經系統，而不是抽象的心智或意識；「機」則是指處理或運算的裝置，可以是複雜的電腦，也可以是簡單的一枚晶片。

腦機介面已發展了三十幾年，近來已逐漸運用在恢復損傷的視覺、聽覺和肢體運動能力，透過大腦皮質的可塑性，達到人機整合的最大效果。

第八章／輕度腦創傷個案4：中年壯漢兩次被打傷頭導致眩暈不止

個案小檔案

主角：謝先生

年齡：四十多歲

腦創傷發生原因：頭部兩度被攻擊

後遺症：記憶力明顯衰退、眩暈

謝先生是腦創傷患者，坐四望五的他非常喜歡狗，溜狗幾乎是他每天最大的樂趣，沒想到後來卻成為他痛苦的來源。為了遛狗，他曾莫名其妙被人攻擊過兩次，且受傷部位都集中在頭部。

第一次遭到攻擊，怎麼想都像是超現實的電影情節。那是發生在八、九年前的某天早上，當時他牽著柴犬，到木柵萬壽橋和道南橋之間的景美溪河濱公園散步，遠遠看著一個六十幾歲、狀似流浪漢的男人，從堤防階梯走下來，旁邊還有一隻未繫上繩子的狗，他當下感覺不妙。

果不其然，那隻狗遠遠看到他家的柴犬，就直衝過來狂吠。謝先生那天穿的是短褲，一來深怕被狗咬傷，二來也怕兩隻狗打起來，本能地邊跳邊把兩隻狗隔開，沒想到那個男人以為他在打自己的狗，二話不說掄起拳頭就往他頭上打下去。

在河濱球場打球的幾個年輕人見狀，大喊「不要再打了」，同時撥打一一〇報警。警察到場後，簡單做了筆錄，隨即把謝先生扶上救護車，就近送到萬芳醫院急診室。

看到謝先生身強體壯，到場處理的警察及救護車上的救護員都很納悶：突然遭到攻擊，為什麼不還手保護自己？

「我一還手，就是我活該。」謝先生解釋，只要他還手，就可能變成互毆，對方是當地相當頭痛的人，附近居民一看到都躲得遠遠的，他不想和對方有太多牽扯，加上當時他還牽著狗，只能邊跑邊用一隻手護著頭，但還是被重重打了好幾下。

頭部受撞擊後便暈不停

經過急診室的檢傷分類，他上側門牙有一小片牙齒被打斷了，且有點頭暈，但他覺得沒事，沒留下來觀察，就直接出院回家。

隔天一早醒來，他開始頭暈、不舒服，想吐卻又吐不出來，還合併頭痛，趕緊掛了當時萬芳醫院急診室主任廖國興的門診。廖國興初步檢查認為可能是輕微腦震盪，開了止暈藥，並請他稍作休息，才讓他回家繼續追蹤觀察。

剛開始前幾天，止暈藥還有點作用，過了一、兩個月後，效果明顯下降，只要講話速度快一點，謝先生的頭就非常暈，甚至後來經常無預警暈起來，讓他苦不堪言。

有一次，他騎機車去中和，路過秀朗橋時，突然一陣天旋地轉，他以為是地震，但看到前面的幾個騎士並沒有停下來，才驚覺是自己頭暈發作，只好硬撐著騎過橋，趕緊在路邊停下來休息，等恢復正常，再繼續往前騎。

有了那次恐怖的經驗，除了繼續吃止暈藥外，謝先生還去看中醫，也在親友建議下吃維他命 B 群。剛開始還有點效果，但久了頭還是會暈，有時候一天暈幾次，有時候是好幾天才暈一次。

他觀察發現，只要天氣熱一點，頭暈的次數就明顯增加，且大都出現在下午。由於他有胃食道逆流的老毛病，加上他認為這種止暈藥容易引發胃食道逆流，如果離晚上睡覺還有一段時間，他會吃止暈藥，要是接近睡覺時間，就忍著不吃，反正睡著了，就沒有暈不暈的問題。

整體來說，他還是儘量不吃止暈藥，倒不完全是擔心胃食道逆流，而是吃了其中一款比較有效的止暈藥後，就變得口乾舌燥，甚至口乾到沒辦法吃飯，因此能忍就忍，或是改吃中醫師開的藥粉，緩解眩暈症狀。

禍不單行再度腦創傷

因為眩暈有如一顆不定時炸彈，不知道什麼時候會引爆，謝先生總是小心翼翼、時時提防，但有時候還是難以避免。

謝先生記得，有次他想在升降式曬衣架的絞鏈上噴些黃油做定期潤滑保養，沒想到站上鋁製梯子後，突然一陣天旋地轉，那個活動式梯子不知為何合了起來，讓站在梯子上的他搖來晃去，驚險萬分，嚇得緊緊抓著欄杆和屋簷不放，再大聲向老婆呼喊求救，結束那場吊在半空中的驚魂記。

他事後想想，最壞的情況不過如此，接下來應該會否極泰來。沒想到才隔一年多，他又被人毆打成傷，同樣是遛狗糾紛引起，同樣是頭部被毆打。

那是個下雨天，他一早穿上雨衣，戴了安全帽，騎機車到木柵動物園附近的停車場遛狗。遠遠看到一隻狗邊吠叫邊衝過來，有了上次不愉快的經驗，他一手緊牽著自己的狗，一手掏出手機錄影蒐證，沒想到竟惹惱那隻狗的主人。

對方是個人高馬大的外國人，手上還抱著年幼的女兒，氣沖沖地質問他為什麼要侵犯自己和女兒的隱私權，對著他們父女拍照？他反問對方為什麼不把狗牽好，一不小心就可能傷到人，兩人互不相讓，越講越大聲。

對方也不再多說，先把女兒抱上車，隨即轉身衝過來一把勒住他的脖子，再以格鬥技的熟練手法，朝著他的頭一陣猛打。

還好那天他戴了安全帽，又穿了雨衣，雖被打得頭昏腦脹，但肢體沒什麼大礙。報警處理後，他先把狗帶回家，再慢慢騎機車到萬芳醫院急診室就醫，警察則開著巡邏車跟在後面，確保他的安全。

醫師詳細檢查後，判斷可能是輕度腦震盪，要他留下來觀察一陣子，但他認為身體狀況還好，選擇不留院直接返家，結果隔天又出現頭暈想吐的不適症狀，可能是舊痛加上新傷，頭痛、頭暈更是明顯。

在醫師建議下，他參加了雙和醫院的臨床試驗研究，剛開始是每半年檢測一次，五年後改為一年一次。每次測試的項目不少，抽完血後，先做平衡試驗，接下來是情緒問答、邏輯性測驗及記憶力測驗。

記憶力測驗是工作人員唸出十二個語詞，受測者再憑記憶唸出來，但順序不拘。

這十二個語詞，從鳳梨、西瓜、葡萄、豆漿、桌子、椅子、陰天、晴天、下雨、情緒到生氣等，可說包羅萬象。如果受測者唸錯了幾個，可以再測試一次。

剛開始，謝先生大概可以記對十、十一個，只記錯一、兩個，隨著時間推移，最近幾次檢測是越測、成績就越差，常記錯四到五個，顯示他的記憶力明顯衰退。這可能是輕度腦創傷的長期後遺症之一。

大約在兩年前，他曾因某個原因情緒非常激動，突然出現眼睛不自主抖動，類似顏面神經麻痺的症狀，還好沒多久就恢復正常，卻也嚇出一身冷汗。

就因腦創傷後狀況不斷，他常提醒自己凡事要小心，比如站在板凳上拿架子的東西，動作得儘可能快一點，免得突然暈眩摔下來。每次只要開始頭暈，就趕緊找地方扶著，再慢慢坐下來休息。

經歷過兩次莫名其妙頭部被打的不愉快經驗，謝先生深刻感受到頭痛、頭暈等後遺症帶給他的痛苦。他總是提醒身邊的親友，不管是車禍、走路跌倒，或是不小心撞到鐵門，只要頭部曾遭到撞擊，就算當下沒什麼症狀，也千萬不要掉以輕心，應該仔細觀察後續變化，真有不舒服就要立即就醫。

像他家住南部的堂弟在酒後騎機車發生車禍，整個人飛出去趴在對方汽車的引擎蓋上，當場頭破血流。他得知消息後，立刻打電話勸堂弟最好就近到醫院急診檢查一下。

但堂弟是那種就算感冒也絕不吃藥的人，相當鐵齒，只做了簡單塗藥包紮，就是不去醫院檢查。他只好提醒堂弟的太太，隨時留意另一半的身體狀況，觀察有沒有頭暈頭痛、嘔吐、吃不下飯，或是該起床卻叫不醒等現象，再視情形陪同去醫院檢查。

雖然看在別人眼中，他是個雞婆又愛管閒事的人，謝先生卻做得無怨無悔、開開心心。就算必須面對記憶力逐漸衰退的問題，他也看得很開。

他總認為，人生原本就充滿了不確定性，想太多也沒有用，只能接受它、面對它、處理它，然後放下它，要活在當下。

醫師分析

廖國興記得，謝先生當年就醫時，狀況其實並不嚴重，對於這種病患，醫療上的處置不外乎留在急診室觀察或是轉住院，避免出現二度傷害。

所謂的「二度傷害」，是指進一步的急性影響，像腦內出血、腦水腫或是腦壓升高等病因。如果出現這些狀況，就需要透過藥物或手術來治療。留院觀察或住院的目的，就是要進一步評估上述風險，一有變化，立即處理。

不過，留院觀察和住院並非唯一選項，病患回到家裡後，如果有家人充分的陪件、照顧和觀察，也是可行的方法，但前提是家人要隨時保持警覺，只要發覺病患出現異樣，一定要請他立即回院檢查或治療。

為求慎重起見，廖國興和急診團隊都會向準備出院回家的病患及家屬，叮嚀提醒頭部外傷及腦創傷的注意事項，若是出現頭痛、嘔吐、走路不穩、手腳沒力氣、昏睡叫不醒及癲癇等情形，代表大腦可能受到進一步的影響，必須趕快回醫院治療。

廖國興觀察發現，留院觀察不一定能減少上述情形的發生，主要是醫院的醫療量能有限，不太可能收治所有可能有腦創傷的病患，而且健保的規定也不允許這麼做。

一般來說，留院觀察或住院的前兩、三天，這些病患的狀況都還好，但這並不代表不會有其他變化，尤其是腦創傷可能影響心智跟情緒，只是目前醫界對此仍不夠了解，得等累積的病患夠多，相關研究成果做出來，才知道是否需要花更多心力去關注這群病患。

目前可以確定的是，像謝先生這種反覆性的腦創傷，根據國外研究發現其實是慢性創傷性腦病變，最常見的是美式足球運動員，他們很常出現精神上或情緒上的變化，且出現得比一般患者早。（請見第一章）

大腦每撞到一次就受傷一次

其中一個知名案例是「辛普森殺妻案」。這件發生在一九九四年，被認為是美國歷史上最受矚目、同時也是二十世紀最具爭議性的刑事案件，被控涉嫌殺害前妻及其男友的辛普森（O.J. Simpson），可說是當時最知名的美式足球四分衛。

經過十三個月的漫長審判，最後陪審團做出無罪判決，辛普森的謀殺罪名不成立，當庭被無罪釋放。美國加州洛杉磯警察局的名譽受挫，警察局長被迫辭職，刑事實驗室更被強制關門。

辛普森最後被判無罪，雖讓很多人不以為然，卻也凸顯美式足球運動員長期在球場衝撞後，可能導致腦創傷，進而影響情緒及行為舉止的事實，這案件讓更多人知道原來頭部反覆遭到撞擊，雖然都相當輕微，但是長期累積下來，可能就會造成大問題。

美式足球在台灣很少見，但台灣比較常見喝醉酒騎車或開車釀出車禍所造成的腦創傷。廖國興從健保資料中發現很多類似個案，這些酒駕者在喝了酒之後，根本不管「開車不喝酒」、「酒後不開車」的諄諄勸導，酒照喝，車照開、照騎。

酒駕者總認為，就算喝了酒，自己還是清醒得很，開車、騎車絕對沒問題，但上路之後，往往就會出車禍，或許當下看起來沒事，但大腦每撞一次就傷一次，反覆撞擊導致的腦創傷會一再累積，就像手機摔到地上一樣，摔得越多次，功能就變得越差。

問題是，手機裡面的零件摔壞了可以更換，但腦摔壞了卻沒辦法更換，只能眼睜睜看著腦功能一天天變差，出現記憶力下降、易怒憂鬱等情緒障礙，甚至發生阿茲海默氏症、巴金森氏症等退化性神經病變。

美國有不少美式足球員過世之後，家屬把他們的大體或腦組織捐出來，醫學界不斷經過病理解剖及影像學檢查等方式，才證實反覆頭部撞擊導致的腦創傷會一再累積，終至造成無法挽救的傷害。

對於一般活跳跳的人，既無法事先解剖，醫療上也還沒有很好的影像評估工具，只能透過臨床上的病史詢問，了解當事人是不是曾經有過反覆性頭部撞擊，再透過一些量表的輔助，判斷他們是否就是慢性創傷性腦病變的高危險群。

廖國興也在文獻上發現，台灣酒駕車禍的個案多如牛毛，甚至還有短期內就出現五次的例子，很顯然那個當事人完全不把「醉不上道」這句話當回事，一犯再犯。

這可能是個人態度使然，也可能是酒癮造成的。廖國興說，酒精本身對腦部就是一個傷害，如果再加上車禍導致的腦創傷，對大腦的傷害更大。

對於這些沒有辦法控制自己，喝了酒之後，就想開車或騎機車的人，我們要給予更多的關注，不能讓他們害了自己，還造成公共危險而傷及無辜。

第三部

大腦為什麼會失序

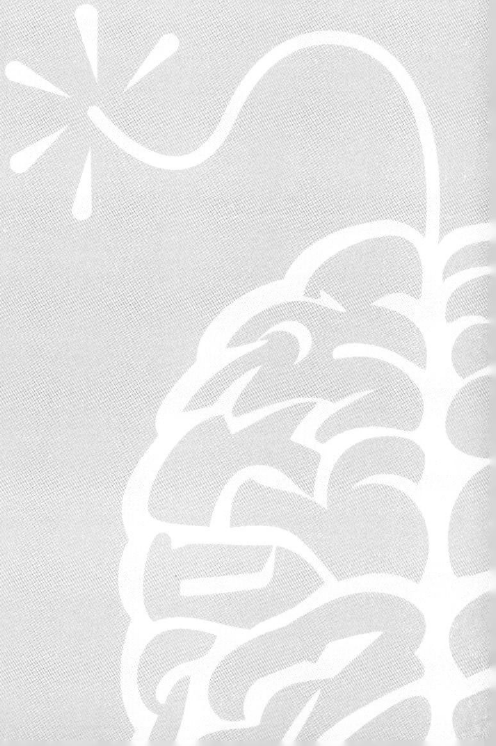

大腦是極為精密的組織，一旦受到撞擊，
海馬迴的神經傳遞訊號中斷，就會導致記憶力下降；
當神經傳導出現障礙，也很容易睡不好，而長期睡眠不足會
導致憂鬱等情緒問題。
如果大腦神經系統受傷了，該怎麼辦？有哪些修復的方法？

第九章／腦創傷為何會導致記憶力衰退

臺北醫學大學神經醫學博士學位學程教授周思怡表示，大腦負責記憶功能的是海馬迴和皮質這兩個區域，其中又以海馬迴扮演較吃重的角色。

海馬迴的神經長得很像樹叢，分支很多，但比較短；相較之下，皮質的神經有很多連結，比較長，但不像海馬迴那麼密集。因為屬性不同，一旦受損，兩者的反應機制也不一樣。

在記憶的過程中，氧化代謝能力是個重要的指標，海馬迴和皮質是負責記憶的腦區，耗氧量非常多，有時甚至是其他腦區的好幾倍。

透過氧化代謝的影像學檢查，可以發現小腦是耗氧量最低的一個腦區，因此當我們睡覺的時候，它還是照常運作，就像是電腦中那個沈默、安靜、低耗能的 CPU（中央處理器）。

就因為記憶相當耗氧，對氧化傷害就非常敏感。同樣的氧化傷害，在其他腦區可能不是那麼明顯，但對海馬迴和皮質的記憶傷害，卻是明顯而嚴重。

海馬迴的神經元長得很茂密，因為記憶的形成，需要很多神經元突觸和突觸之間的連結。一旦頭部遭到撞擊，導致海馬迴受創，出現氧化傷害，部分連結就可能斷掉，

延伸閱讀

海馬迴

海馬迴（Hippocampus）是脊椎動物大腦中的重要區域，因形狀彎曲很像大海中的海馬而得名，哺乳動物有兩個海馬迴，分別在大腦的左右半球，靈長類動物的海馬迴位於內側顳葉。

海馬迴負責短期記憶、長期記憶，以及空間定位等功能。臨床研究發現，阿茲海默氏症患者最先受到損傷的腦區，就是海馬迴，因此會出現記憶力衰退、方向感喪失等症狀。

延伸閱讀

皮質

皮質（Cerebral cortex）是大腦外側的連通皮狀組織，由上而下分別是分子層、外顆粒細胞層、外維體細胞層、內顆粒細胞層、內維體細胞層及多形細胞層。

皮質有些區域會向內凹陷，形成稱為「溝」的解剖結構。溝外面向外凸出的區域稱為「腦回」，越高等的動物，腦回皺褶就越多，大腦皮質面積也越大。

皮質神經元之間形成大量的突觸連接，以傳遞訊息。

皮質的功能依區域不同而異，額葉負責學習、語言、抽象思維、情緒等高級認知功能，以及自主運動控制等。頂葉負責軀體感覺、空間資訊處理、視覺資訊和體感資訊的整合。顳葉負責聽覺、嗅覺、長期記憶、分辨左右、物體辨識的高級視覺功能。枕葉負責視覺處理。至於邊緣系統則和獎勵學習和情感處理有關。

無法形成很好的記憶網絡，記憶力將隨之下降，因此常會出現剛剛才說過的話，過沒多久就完全忘掉的情形。

CCL5 和細胞激素有助修復記憶力

出現這種氧化傷害時，由神經細胞分泌的趨化因子配體5（CCL5）這種促發炎物質，可以幫助神經元細胞活化抗氧化物質，以降低腦傷與發炎帶來的氧化傷害。

同時，CCL5 也扮演神經滋養因子的角色，可以促進突觸生長與連結的形成。記憶有賴很多神經元突觸彼此的連結，當腦部受創後，CCL5 可以幫助修復因創傷造成的突觸斷裂。如果沒有 CCL5，這些突觸的連結就會開始萎縮、掉落，就像缺乏養分的樹木一樣，葉子會逐一掉落，變得光禿禿。

如果把人比喻為電腦，大腦神經元的突觸就如同晶片，晶片越細緻，電腦效能就越高，同樣的，突觸與突觸之間有越緊密的連結，人的記憶功能就會運作得越好。一旦出現傷害，讓突觸之間的連結斷掉，沒辦法將訊號傳遞下去，記憶力就會變差。

人類大腦中到底有多少個突觸？周思怡不假思索地說：「多到無法計算出來」。不過她強調，突觸不是越多越好，有時太多反而是問題。舉例來說，有些精神病患就是因為大腦神經元的突觸太多，容易反應過度，才出現一些精神或情緒上的問題。

延伸閱讀

趨化因子配體5

趨化因子配體5（CCL5）是一種由CCL5基因編輯的蛋白質，也是種促發炎的趨化物，可以把白血球吸引到發炎部位。它對T細胞、自然殺手細胞（NK）具有趨化性，可以在T細胞釋放特定細胞激素的協助下，誘導某些自然殺手細胞增殖及活化。

CCL5主要由T細胞和單核細胞表達，在上皮細胞、纖維母細胞和血小板中大量表現。在乳癌、肝癌、胃癌、攝護腺癌和胰臟癌等癌症患者身上，可以看到CCL5濃度普遍升高。

先前有臨床研究分析指出，CCL5的表現高低，往往會和精神症狀的表現有關。如果CCL5趨化物和細胞激素（Cytokine）這兩種和突觸有關的物質，讓突觸增加太多，不見得是件好事，過猶不及都不好，恰如其分最好。

每個國家對藥物的管制政策都不一樣，在美國，有些像準備考試或是需要在短時間內聚精會神工作的族群，會透過藥物來增加突觸的活性，以強化記憶力，但經常使用容易有成癮的問題，不可不慎。

這種增加神經突觸活性的藥物也會造成精神上的過度刺激，就科學角度而言，是好是壞沒有絕對的標準。根據周思怡帶領的研究團隊所進行的動物實驗發現，經由鼻腔給予老鼠 CCL5 或是讓腺病毒將 CCL5 帶入老鼠的腦內，這些老鼠真的會變比較聰明，可見 CCL5 趨化物對神經相當重要。

細胞激素是一種免疫系統分泌的化學物質，通常用在免疫調節，不過，周思怡的團隊發現，其實神經元也很需要它。當大腦中的海馬迴出現細胞激素時，會促進神經元長出突觸，並跟下一個神經元的突觸產生連結，除了會改善海馬迴的有氧代謝，也可讓記憶形成的速度變快。

先停止腦傷害惡化再來修復

從動物實驗可以看到，CCL5 太多的小老鼠會變得非常活躍，反應也變快，卻也因此變得特別敏感。人體原本就會產生 CCL5 這種能促進突觸與突觸連結的物質，雖然我們可以讓 CCL5 變得更多，但太多不見得是好事，應該維持在一定的安全範圍內。

對於因頭部撞擊造成腦創傷進而導致記憶力衰退的患者來說，周思怡認為，可透過抽血檢驗去了解CCL5在腦部的表現量，如果太高，就要抑制下來；如果太低，不妨去促進它，增加它的表現量。

如何調節平衡CCL5，是腦創傷治療上的一個重要課題。像中度或重度腦創傷患者初期的CCL5表現量都很高，應該要抑制、阻斷它，如果這個時候還去活化，無疑是火上加油。

周思怡說，在腦創傷還很嚴重時，腦組織其實是一團亂，應該想辦法不讓這些傷害持續惡化下去，等傷害停止後，再讓它修復。而北醫研究團隊現在正在進行皮質受傷和修復的研究，就是希望能從中找到一個能在不同時間點，施以不同治療進程的共同點，以提供醫師參考。

既然CCL5如此重要，是否可以當成藥物來使用？周思怡對此抱持審慎而保留的態度。她認為，或許可把CCL5的表現量視為一個指標，讓醫師知道這個病人在這個時間點，是不是需要介入性治療？至於是否可當成治療藥物，恐怕還要進一步研究才能知道。

台灣的機車族很多，因交通事故導致腦創傷的患者也相當多。周思怡表示，雖然大多數都是輕度腦創傷，但這種傷害是進行性的，也會累積，如果沒有及早預防，有朝一日出現腦神經病變就難再逆轉，只能眼睜睜看著病情一天天惡化。

就像曾經紅極一時的世界拳王阿里，在拳擊賽場上經年累月受到頭部重擊，導致他在離開拳壇後飽受巴金森氏症折磨，沒幾年就告別精彩的人生舞台，他的遭遇，無疑是所有腦創傷患者的一面鏡子。

延伸閱讀

細胞激素

細胞激素（Cytokines）是一種免疫系統分泌的化學物質，在生物中屬於訊號蛋白，可以刺激身體組織製造其他物質來增加免疫力。細胞激素也可以幫助細胞的生長，促進細胞活化，導引白血球移動的方向，讓白血球摧毀癌細胞或其他標的物。

第十章／腦創傷與焦慮、憂鬱和睡眠障礙的關連

每個人一天大約有三分之一到四分之一的時間在睡覺，可見睡眠就像空氣、水和食物一樣，在我們日常生活中扮演相當重要的角色，一旦有睡眠障礙而睡不好，生活品質就會受影響。

根據台灣睡眠醫學學會二〇一九年的最新調查，台灣約有十分之一民眾飽受慢性失眠症困擾，疲勞、煩躁不安和注意力不集中等症狀會一一浮現，甚至還可能併發焦慮、憂鬱等情緒問題。

根據衛生福利部統計，台灣有近九%、約兩百萬人有憂鬱症，中重度憂鬱症占一半以上，約有一百二十五萬人。憂鬱症高盛行率和多種因素有關，包括工作壓力、家庭壓力、社會期望、人際關係及其他心理和生理因素。

世界衛生組織（WHO）估計，憂鬱症造成全球社會經濟的負擔，將從二〇〇四年排名第三的疾病，上升到二〇三〇年的第一名，這也意味著隨著社會變遷，有更多人飽受憂鬱症的困擾。

焦慮症的盛行率也差不多，全球約十二%的人有此問題，且每個人一生中約有五%～三〇%會出現一次焦慮症，其中女性發生率約為男性的兩倍，通常開始出現在二十五歲以前，她們常對特定事物產生恐懼，對未來某些事情表現出擔憂，而且還有社交焦慮。

受驚或神經障礙是腦創傷後失眠主因

臺北醫學大學附設醫院精神科主任李信謙表示，如果是腦創傷造成的失眠、焦慮或憂鬱，很可能是腦創傷來得突然，當事人受到驚嚇，因而產生所謂的急性壓力反應，一旦持續一個月以上，就很可能衍生成創傷後壓力症候群（請見第二章）。晚上常出現夢魘和睡眠破碎等情形。

早年，大家普遍認為那是心理方面的疾病，比較偏重心理治療，加上給予抗焦慮藥物或抗憂鬱藥物。後來慢慢發現，即便是創傷後壓力症候群導致的睡眠障礙，症狀不是只有失眠和夢魘，患者甚至會出現至今還很難解釋其機轉的「睡眠呼吸中止症候群」。

因此，神經醫學界開始思考，這可能是神經的生理機制所引起，於是從出血或缺損等大腦形態學傷害，去深入了解其中的因果關係。

李信謙認為，大腦就像火鍋裡常放的豆腐，用力搖晃震動之後，雖然外觀的影像學檢查看不出有什麼問題，但它的結構其實已經有些微改變，可能出現裂縫或缺損，造成神經傳導物質路徑的損傷或失衡，然後引起睡眠障礙。

睡眠其實廣泛受到大腦皮質及皮質下很多路徑的管控，維持睡眠恆定要靠很多不同機制來調控，因此目前醫學界研究輕度腦創傷後的睡眠障礙，主要朝心理和生理兩個面向進行。就純心理層面來說，一般認為是受驚嚇或出現創傷後壓力症候群所造成；在生理層面上，則從整個大腦神經體系受到震動後，神經傳導物質可能分泌不均衡，或是神經傳導路徑出現障礙所引起，而這兩者因素可能會相互影響。

從生理的角度來看，研究發現，輕度腦創傷若導致持續性的睡眠障礙，通常預後會比較差；從心理層面來看，患者必須把這些創傷事件及其衍生的負能量消除，否則那些夢魘和睡眠障礙會一直持續下去。

出現失眠、夢魘和早醒的睡眠障礙

大腦管控睡眠的機制相當廣泛而複雜，目前較為大家熟知的，是由視覺系統進來的褪黑激素分泌在控制；此外，大腦內部任何跟覺醒及抑制相關的神經元，也和睡眠管控有關，兩者就像蹺蹺板，維持睡和醒的平衡。

當負責覺醒的神經傳導物質減少，或負責抑制的神經傳導物質多起來，就會造成睡眠失衡；同樣的，覺醒的神經傳導物質變多，或是抑制的神經傳導物質減少，也會讓睡眠失衡。換句話說，兩者應像蹺蹺板保持在平衡的狀態下，才能有正常的睡眠。

李信謙做的研究也發現，腦創傷發生後，其實不只睡眠變不好，基本的睡眠結構也會改變，比如淺層的睡眠增加，屬於做夢階段跟記憶形成有關的快速動眼期睡眠，也會變得比較不穩定。

延伸閱讀

褪黑激素

褪黑激素（Melatonin）是一種調節生物時鐘的激素，可以改善睡眠障礙、情緒障礙，也可增強學習和記憶，在某些國家屬於非處方藥或保健食品。

以交通事故或遭到攻擊而導致腦創傷的患者來說，當他們出現創傷後壓力症候群，每次閉眼睡覺時，那些驚恐的畫面就可能出現，有時會在入睡之後，有時則是睡到一半就被惡夢驚醒，而這是過去常被拿來作為創傷後壓力症候群的診斷標記之一。

後來醫界逐漸發現，除了入睡困難、睡眠維持不佳及常有夢魘外，這些患者也容易出現早醒的現象，甚至因晚上睡不好，隔天白天覺得非常疲累，出現嗜睡或暈眩等軟性的神經學症狀。

從這些病患的臨床症狀，不難發現頭部遭到撞擊導致的腦創傷，即使只是輕度，對日常生活的影響其實挺大的。

李信謙解釋，睡眠是每天都要經歷的過程，出現睡眠障礙的初期階段，如果沒有好好處理，這些患者可能會對睡眠這件事感到焦慮。本來只是頭部撞擊引起的失眠，最後卻可能演變成獨立的慢性失眠，每天活在擔心失眠和失眠引起的焦慮之中，痛苦萬分。

使用安眠藥是最後一招

對於輕度腦創傷患者，李信謙建議一開始就要給予衛教宣導，讓他們知道睡眠障礙有可能是頭部遭到撞擊引起的，雖然已無法改變頭部被撞擊的事實，但只要能夠儘早處理，還是可以維持比較好的生活品質。

不過，他也強調，過猶不及都不好，完全不去管它，當然不好，而太過積極的處理，如服用安眠藥雖然比較容易入睡，但長期下來卻可能衍生過度依賴安眠藥的另一個問題，恐怕更難處理。

李信謙建議在給予衛教之外，也要同時處理共病的問題，例如頭部遭到撞擊時併發的其他身體傷害，像骨折、肢體撕裂傷，或是急性壓力反應及後續出現的創傷後壓力症候群。

延伸閱讀　血清素

血清素（Serotonin）又稱血清張力素，或是5-羥色胺（5-HT），是一種神經傳導物質，由色胺酸轉化而成，在消化道中合成，普遍存在於腸胃道、血小板和中樞神經系統中，具有調節心情、食慾和睡眠等功能，也可增加記憶和學習等認知功能，被普遍認為是幸福和快樂的來源。

若是骨折、肢體撕裂傷等生理性傷害，可就醫接受治療。如果是急性壓力反應或創傷後壓力症候群，可適度補充作用於血清素等神經傳導物質系統、有助情緒穩定的藥物，待這些情緒障礙緩解後，睡眠品質自然就會變好。

另外一個可以選擇的方法，就是透過心理學和行為學的介入，像是使用認知治療中的某些特殊行為技巧，也可以協助解決創傷後壓力症候群的症狀，讓睡眠趨於穩定。

從衛教、處理共病到認知行為治療，都屬於全面治療的必要手段，病患可從中重新認識自己，並找出一些比較不好的睡眠行為，再加以適度調整，才能改善自己的睡眠。

當這些方法都試過，睡眠障礙仍無法獲得明顯改善時，李信謙才會考慮採用安眠藥治療。目前採用的大都是作用在「苯二氮平類」受體的安眠藥，較有名的是「史蒂諾斯」，主要作用在透過調節腦內抑制性神經傳導物質γ-胺基丁酸的濃度，啟動抑制神經元，幫助病患儘快進入睡眠，並達到穩定睡眠的狀態。

如此審慎用藥的原因，除了擔心長期使用安眠藥可能出現的藥物依賴，另一方面是擔心苯二氮平類安眠藥在抑制神經衝動之餘，也會影響到認知功能，記憶力會變得不好，常常會忘東忘西，而且長期使用還和失智症有些關聯，反而影響日常生活及職場工作的表現。

延伸閱讀　γ-胺基丁酸

γ-胺基丁酸（γ-Aminobutyric acid, GABA）是一種重要的傳導物質，很多生理功能都要透過它來傳遞訊息。主要功能是在大腦和脊髓的溝通過程中，經由結合神經細胞的 GABA 接受器，開關神經細胞間的傳導路徑，可調控緊張、焦慮、害怕等情緒，達到自我放鬆及容易入睡等效果。

一直躺在床上休息不見得好

對原本已經受傷的大腦來說，在改善失眠及可能導致認知功能下降的取捨之間，使用安眠藥到底是好是壞？可說見仁見智，必須由醫師根據病患的情況，以及患者對預後的期望，做最合適的判斷。

幸好，在不斷研發下，新一代安眠藥的作用標的已不一樣，有的作用在褪黑激素，有的則作用在食慾素。由於控制機制和傳統的苯二氮平類安眠藥不同，是否較適用於頭部撞擊引發的失眠患者，還需要更多研究來證實。

儘管未來可以選擇的解決方案變多，在整個治療過程中，病患並非只能被動配合，而是應該主動參與，才能讓自己及早擺脫失眠的困擾，不至於進一步陷入憂鬱、焦慮等情緒障礙的泥淖。

很多人都認為，腦創傷後應該讓大腦好好休息，李信謙認為在某種程度上，這個觀念是對的，但過度的休息有時候反而會影響到人體的日夜週期，偏離晨昏定省的節律，一直靜靜地躺在床上休息不見得好。

他建議，如果傷勢已大致復原，在體力及認知功能允許的前提下，還是應該儘速回到正常作息，生活節律越穩定，失眠引發的睡眠障礙和焦慮、憂鬱等情緒問題，就越有可能恢復正常。

此外，酗酒問題也應審慎面對。因交通事故導致腦創傷的病患，有一部分有飲酒習慣，除了要再三提醒他們應養成「喝酒不開車」的習慣外，更應進一步敦促他們逐漸遠離酒杯的誘惑，這樣才能降低喝酒引起各種風險的機率，永保安康。

失眠是輕度腦創傷患者常見的後遺症，如果能透過生物標記，越早偵測神經退化的程度，越早預防或治療，就越有可能降低睡眠障礙造成的諸多困擾。而抽血檢查或

利用心率變異度（HRV）來檢測自律神經的調控功能，都是值得信賴的生物標記檢測工具。（請見第四部）

延伸閱讀

食慾素

食慾素（Orexin）是由大腦中的下視丘所分泌的激素，廣布在整個中樞神經系統中，原先被認為主要跟飲食行為功能有關，後續因為被證實跟猝睡症有密切關係，而被發現跟睡眠的調控有關。

第十一章／

腦神經的保護與自我修復

人腦是重要卻脆弱的器官，應該受到細心呵護，避免因頭部撞擊而受創。

臺北醫學大學神經醫學博士學位學程教授莊健盈指出，我們的決策、語言、行動、視覺及平衡等功能，是由不同腦區負責，並透過神經傳導來執行。一旦包覆這些神經的髓鞘因撞擊而破損或脫落，神經傳導就會出現問題。

如果是腦震盪這種輕微腦創傷，病人站起來的時候可能會頭暈、走路不穩，也可能沒辦法做決策。

如果是頭部遭到重複性的撞擊，像拳王阿里這種職業拳擊手，腦部一直處於發炎的狀態，之後就可能引發更大的問題，如阿茲海默氏症或巴金森氏症，很難治癒。

降低體溫可避免腦神經二度受創

對於神經受創的病人，能治療的選項並不多，使用神經類固醇是其中之一。傳統使用的是藥物合成的神經類固醇，而北醫研究團隊正在研究人體內能夠自行合成的神經類固醇，因為它既有抗發炎作用，強度也沒那麼強，對人體較好。

此外，莊健盈和研究團隊做過很多細胞研究，希望透過尋找具有幹細胞特質或重新修復特質的神經細胞，來修復受創的神經細胞。

低溫療法則是另一個選項，這是台灣神經創傷暨重症學會提倡的一種神經療法，像有「車神」美譽的前德國賽車手舒馬克（Michael Schumacher）滑雪受傷，導致全身癱瘓後，就曾接受過這種低溫療法。

莊健盈說，我們發燒的時候，通常會想到降低體溫，減少發炎引起的不舒服症狀，腦創傷的低溫療法也是同樣的思維模式。

醫界發現，當腦創傷及腦水腫引起體內高溫時，會讓腦創傷更為嚴重，因此腦創傷分第一次創傷和第二次創傷，在第一次腦創傷後，往往隔一陣子才會出現第二次創傷，而後者對腦神經的傷害更大。

莊健盈舉刀傷為例，當手不小心被刀子割了一下，當下一定會感覺疼痛，痛完好像沒事了，但往往過了一、兩個小時後，再去摸傷口周圍的組織，會覺得更痛，甚至比剛被刀割的那一剎那痛上好幾倍。這是因為所有的免疫細胞都集中過來，釋放免疫物質，所以才會紅腫、熱痛。

同樣的，當腦部受到第一次遭到撞擊時，傷害到的可能只有被撞的區域，當下可能只出現頭暈想吐等不適症狀，但到了醫院後，往往狀況急轉直下，甚至開始出現水腫、腦壓升高或其他問題，這正是二次創傷的快速蔓延。

莊健盈指出，第二次創傷是第一次創傷的延伸，這些都和神經發炎有關，是人體免疫系統的自然反應。而腦部遭到撞擊的部位會發熱，是因為神經一直處於放電的狀態，有些人會因此出現癲癇。

所幸只要施以低溫療法，這些不算嚴重的症狀還是有解。所謂的低溫療法，並不是把體溫降到攝氏零度以下，根據研究顯示，只要將體溫降低二到三度，體內基礎代謝就會受到影響，這樣對腦神經的修復效果最好。低溫療法可針對腦部，也可擴及全身，這部分可由醫師依實際情況做決定。

治療方式和技術日新月異

可以透過藥物投放來降低體溫，主要是減少代謝作用，把腦神經的發炎狀況控制下來。使用低溫療法，還可合併一些抗發炎藥物來保護神經。臺北醫學大學研究團隊目前正在建立動物模型，想知道如果低溫療法初期有效，可不可以再搭配神經類固醇或其他藥物的多元治療方式，達到神經保護效果。

不管採用的是哪種方法，都是為了推遲第二次創傷的發生，或是降低症狀，為醫師爭取寶貴的時間，想辦法救治那些比較嚴重的腦創傷病患。

莊健盈強調，只要能夠讓剛開始的腦創傷被控制住，不要再繼續惡化下去，接下來才有更多的機會和策略去救治病人。

莊健盈表示，腦創傷後，白血球和紅血球都會趕往受創的部位，神經內部原有的促進發炎細胞也會過去，並釋放出原本不該在那裡的物質，造成腦細胞的持續損壞。

腦創傷領域有很多面向，其中也有基因調控的因素在內，因此除了藥物及物理治療外，研究團隊也試著去了解細胞裡面到底發生了什麼事？

他們透過動物實驗去了解腦創傷的發炎區域及狀況。例如，從實驗動物身上取得相關組織，去做特定基因變化的研究，甚至已做到單一細胞的基因變化，據此了解這些變化到底是來自神經細胞的反應，或是膠質細胞的反應，甚至是外來的巨噬細胞或淋巴球的反應。

經由這種動物模型，研究團隊可清楚知道每個細胞的基因變化情形，可以為未來的精準醫療打下基礎，有朝一日也許可以透過多重藥物的使用，增加神經細胞活性，同時降低免疫細胞的反應，再搭配物理治療或神經類固醇等治療方式，救治更多腦創傷病人。

腦神經細胞的精準治療

相較一、二十年前，甚至五年前，現在很多技術都進步許多。像現在的基因分析技術，已經可以針對組織中的每個細胞去做基因定序，只要放一個組織到機器中，所有細胞都會被置入一個條碼，讓機器進行基因定序，最後形成一整個混合的基因表達訊號，只要讓電腦依據條碼分類，就可以輕易得到組織中各種細胞的基因訊號。

莊健盈指出，人體的一個細胞約有兩萬三千個基因，但沒有必要替每個基因都定序，只要定序其中的兩、三千個基因，足以偵測或辨別出某一個細胞，這樣就夠了。

利用這套近年才發展出來的單細胞定序方法，再加上電腦AI和大數據的分析，就可以預測大腦神經細胞的基因變化，也能知道哪些細胞和哪個細胞有互動，再根據這些結果，設計出細胞基因療法，進而精準治療那些受創的神經細胞。

面對複雜而難以治療的腦創傷，能擁有越多的治療方法，勝算就越高。因此，除了低溫療法、神經類固醇及細胞基因療法，北醫研究團隊還投入血腦屏障（Blood-brain barrier, BBB）的研究。

腦組織內的每個微血管內皮細胞，彼此都是緊密相連、沒有間隙，而微血管外表面又幾乎被星形膠質細胞所包覆，形成血漿與腦脊髓液之間的屏障，可以選擇性地阻止某些物質經由血液進入大腦。

莊健盈解釋，我們的腦是神經中樞，血腦屏障是種保護機制，可讓大腦慢慢接收一些來自腦外的身體變化，避免感染物質及不該進去的免疫細胞進入，因此腦區被稱為「免疫豁免區」。

當頭部遭到撞擊而出現腦創傷，不只是腦神經細胞受傷，內皮細胞也會受損，微血管裡面原本彼此連結很緊密的內皮細胞，就會出現縫隙，讓通透性變大，免疫細胞就可乘隙而入，進而出現更嚴重的免疫反應。

莊健盈最近參與一項研究，想找出可以增加血腦屏障穩定性的方法，再進一步開發和蛋白質合成有關的藥物，提供醫師更多治療腦創傷病患的選項。

延伸閱讀

血腦屏障

血腦屏障（Blood-brain barrier, BBB）也稱為「血腦障壁」，這是指在血管和大腦之間有一個選擇性的屏障，可以阻止某些物質經由血液進入大腦。除了氧氣、二氧化碳和血糖等極少數物質外，血腦屏障幾乎不讓任何物質通過，避免大腦受到化學傳導物質的傷害，或是受到病菌感染，以維持腦功能正常運作。

神經保護策略的四個面向

全力發展腦神經醫學近二十年來，臺北醫學大學已在這個領域建立相當堅實的基礎，針對神經保護的戰略布局可分四個面向，首先是經由對基因的深入了解，試著讓腦創傷患者的神經細胞存活下來。

其次是透過神經類固醇的研發，增加患者神經細胞的代謝；第三是精進低溫療法，減少神經細胞的物理性傷害；第四則是增加血腦屏障的穩定性，減少免疫細胞等物質進入腦部。

至於為數眾多的輕度頭部外傷病患，北醫研究團隊透過全力阻止創傷後神經細胞的發炎反應，以及降低持續進展到退化性神經病變的風險，想方設法讓這些患者能健康活到老。

身為一名專攻神經保護的科學家，莊健盈認為，腦創傷患者的就醫時間至關重要，越早就醫，就越能緩解顱內壓，減少神經細胞的發炎反應。這種思維模式，和我們在處置運動傷害的方式完全一樣。

舉例來說，打球扭傷腳如果能馬上冰敷，通常後續不會有太大的問題，但如果放著不管，扭到的部位就會越來越腫脹。這兩種處置方式不同，結果也大不相同，腦創傷的治療，也是一樣的道理。

莊健盈表示，腦創傷幾乎都來得突然，不容易防範，我們可以做的就是一旦發生意外，如何利用我們體內的免疫反應去緩解病情，但同時也要避免這些反應造成二次傷害。

畢竟人體有很多刺激和修復的機制，都需要免疫的活化，但它有點像雙面刃，必須小心因應。

神經受傷後復原程度要看個體差異

神經受傷了，可以完全治好嗎？或是只能緩解？這是許多急診醫師或神經內外科醫師最常被問到的問題。

莊健盈認為，如果只是輕微腦震盪，只需要觀察，通常不會有事，但如果傷勢較重，就只能想辦法把傷害降到某個程度。

至於那些嚴重腦創傷、需要被悉心照護的病患，其預後不見得都一樣。比如說，兩個同樣是車禍被送進急診室的傷患，昏迷指數都是六到七分，其他的檢測數據也差不多，且核磁共振掃描（MRI）都未發現顱內出血，其中一個傷患可能慢慢康復了，另一個卻越來越嚴重。

「這就是個體差異。」莊健盈說，這就跟有些人被蚊子叮咬，引起很大的免疫反應，被叮的部位腫得很大，但其他人卻沒事，是一樣的道理。其實，這也是免疫反應引起二次傷害的典型例子。

為了避免出現這種差異，醫師能做的就是檢測，儘快找出未來預後可能較差的病患，給予更積極的照護，而另一群病患只要接受正規治療即可。

過去的檢測大都是透過一些量表檢查昏迷指數，測試知覺反應，或是看瞳孔有沒有放大等。如今，醫學界已經可從血液細胞內部找到一些蛛絲馬跡，及早掌握每個病人神經細胞的受損狀況，以及是否有個體差異，再施以不同的治療。

然而，除非已因頭部外傷而被送進醫院治療，否則一般人不太可能無緣無故跑到醫院抽取一管血，只為了知道自己以前是不是曾經撞過頭，以及那些撞擊未來是否可能引發失智症等退化性神經病變。

第四部

及早檢測，延緩腦創傷引發神經病變

為了避免小小的腦創傷，未來演變成大問題，
透過血液檢測，預測未來出現暈眩、睡眠障礙及記憶力下降的機率；
透過心律檢測，瞭解自律神經系統是否異常；
透過腦部皮質掃描，找出腦部細微的變化，
及早發現，及早治療，才是王道。

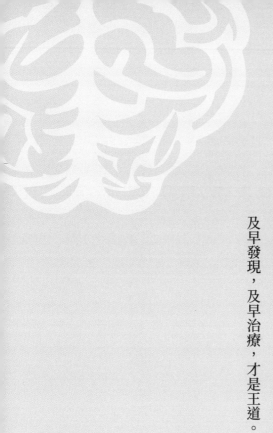

第十二章／從血液瞭解你的大腦：IGF-1和BMX生物標記

不管是因為交通事故、高處墜落、不小心跌倒、遭到毆擊，或是長期運動撞擊導致腦創傷，既然都已發生，事後再多的憤怒和哀怨都無濟於事，唯一能做的，就是透過檢測等方式，儘早知道未來可能出現哪些後遺症，及早因應。

檢測的方式很多，包括血液檢查、心電圖訊號的心率變異度檢查（Heart Rate Variability, HRV）、功能性核磁共振掃描（fMRI），以及步態和平衡分析等。

抽血偵測罹患阿茲海默氏症的風險

血液檢查可說是最傳統，也是相當普遍的檢測方式之一，其中可透過超靈敏免疫磁減量等技術，檢測血液中類澱粉蛋白和濤蛋白的堆積量，再依濃度高低來預測未來罹患阿茲海默氏症的風險，準確度在八成以上。

美國臨床實驗公司奎斯特診斷公司（Quest Diagnostics）在二〇二三年八月三十一日推出一項血液檢測的產品，透過檢驗類澱粉蛋白是否異常，可在出現症狀前幾年就偵測出罹患阿茲海默氏症的機率，讓當事人可以及早預防。

在此之前，美國華盛頓大學研究人員開發了一種稱為「可溶性寡聚合物結合分析」（SOBA）的技術，測量血液中類澱粉蛋白胜肽寡聚合物的濃度，可預測未來阿茲海默氏症的可能進程。

由於這些檢測方法，只能預測一般人未來是否會進展到阿茲海默氏症，卻無法幫助腦創傷患者預測未來，留下缺口，因此臺北醫學大學腦創傷研究團隊決定全力投入相關研究。

臺北醫學大學神經醫學博士學位學程教授陳凱筠表示，目前臨床上還沒有可以透過血液檢測，瞭解腦創傷患者未來可能出現後遺症的生物標記，包括她的研究團隊在內，全球都還在研發階段，且都面臨專一性不夠高的潛在問題，仍需要其他方法來輔助。

輕度腦創傷患者被送到急診室時，醫師通常只能透過問診來做必要的處置，若有需要再安排影像學檢查，如果判斷並無明顯問題，就會讓患者先回家休息及觀察。

但有些患者過了一段時間後，會陸續出現注意力不集中、記憶力下降、睡眠障礙、焦慮及憂鬱等後遺症，帶給他們生活上很大的困擾。如果能在急診室就透過抽血檢測特定的生物標記，及早預測他們未來可能出現後遺症的機率，及早治療或預防，就可以大幅改善他們的生活品質。

用不同指標檢測不同後遺症

不過，經過這些年不斷努力，陳凱筠和她的研究團隊找到兩個具有潛力的生物標記，分別是「類胰島素生長因子－1」（IGF-1）和 BMX（一種胳氨酸激酶，可以控制細胞生長和分化的重要蛋白質）。

IGF-1 是一種類胰島素生長因子，是人體會自行分泌的生長激素，除了和胰島素的分泌有關，陳凱筠的團隊也發現，IGF-1 和睡眠及記憶有關，因此首度以輕度腦創傷患者為對象，進行一系列研究。

研究發現，透過抽血檢測，輕度腦創傷患者血液裡的 IGF-1 表現量會下降，過了急性期後，又會再慢慢上升。過了六週或更長時間，如果這個表現量還是偏低的話，未來的睡眠和記憶可能都會受影響。

因此陳凱筠認為，IGF-1 有機會發展成預測輕度腦創傷患者未來是否會出現睡眠障礙及記憶力下降的生物標記，將來醫師可據此加以治療，或透過各種復健方法改善這些後遺症。

IGF-1 在體內的表現量會隨著年齡增長而下降，尤其在過了四十歲之後，下降的幅度就變得很明顯，因此在透過檢測血液中 IGF-1 的表現量，進而預則未來出現睡眠障礙和記憶力下降風險的同時，必須同步校正，才會更精準。

BMX 則和 IGF-1 剛好相反。陳凱筠從動物實驗中發現，跟沒有腦創傷的老鼠相比，有腦創傷的老鼠血液中的 BMX 表現量會增加。而這個研究發現帶了點誤打誤撞的驚喜。

陳凱筠原本聚焦在癌症的研究上，在一個偶然的機會下從中風的老鼠身上，看到 BMX 的表現量會上升，證實它是一種與免疫發炎反應及血管生成有關的酵素。

當時，他們並不清楚 BMX 增加的原因，也不知道表現量增加是好是壞，因此決定進一步做動物實驗，給予實驗老鼠不同程度的頭部撞擊，結果發現被撞擊越大的老鼠，BMX 的表現量真的就越高。

接下來，研究團隊以部分急診室病患為對象，抽血檢測 BMX 的表現量，發現腦創傷病患的表現量確實增加了，而且如果這個表現量一直持續下去，這些病患未來出現暈眩的機率就會增加。

這些研究結果，無疑讓第一線醫師多了一項評估工具。如果送到急診室的是腦創

延伸閱讀

類胰島素生長因子-1

類胰島素生長因子-1（Insulin-like growth factor-1, IGF-1）是一種人體在生長激素刺激下所產生的物質，會引發細胞內反應，促進細胞生長。具有增強肌肉強度和耐力、促進神經修復力等功能，在兒童生長發育過程中扮演重要的角色。

研究發現，大腦會製造少量胰島素，而罹患阿茲海默氏症與腦中 IGF-1 及其受體減少有關，且糖尿病患者罹患阿茲海默氏症的機率，比正常人高出兩倍。一般認為，如果能恢復正常胰島素功能，可以減輕或預防阿茲海默氏症早期患者的認知功能。

傷病患，就可抽血檢測 IGF-1 和 BMX 的表現量，一旦 IGF-1 的表現量下降，未來出現睡眠障礙及記憶力下降的機率就比較高；如果 BMX 的表現量增加，未來則較有可能出現暈眩的後遺症。這樣醫師就可採取適當的治療策略，協助病患擺脫後遺症的困擾。

多種檢測可預測腦創傷的影響

陳凱筠強調，面對未來精準醫療的發展趨勢，只靠一種生物標記的檢測模式恐怕不夠，必須結合各種生物標記來預測未來可能出現的後遺症，才能提供病患個人化的醫療需求。

除了 IGF-1 和 BMX 兩項生物標記外，像威斯康辛卡片分類測驗（WCST）這個測量記憶的量表，以及臺北醫學大學神經醫學研究中心執行長王家儀投入相當多心血的腕戴型心率變異度檢查，或是腦意識創新轉譯中心主任陳震宇研究團隊透過功能性核磁共振掃描，檢測大腦皮質微小變化的影像學檢查，都是檢測腦創傷未來是否會出現哪些後遺症的最佳組合工具。

十五年來，臺北醫學大學神經醫學研究中心全力研究頭部撞擊導致腦創傷後的長期影響，發現不少撞擊後無明顯症狀的輕度腦創傷患者，多年後會陸續出現睡眠障礙、注意力不集中、記憶衰退、焦慮及憂鬱等後遺症，生活大受影響，赫然發現小小的腦創傷，竟然是個大問題。

因此，如何在腦創傷初期就透過生物標記等檢測工具，及早找到一些蛛絲馬跡，進而預測未來何時可能出現哪些後遺症，再透過各種方法去預防或延緩後遺症的進程，把傷害降到最低。

北醫附醫神經外科主治醫師吳忠哲表示，現在全球醫學界都在尋找可以及早檢測腦創傷引發各種後遺症的生物標記，但至今都還沒有找到真正可以臨床使用的產品，主要原因是大多數人並不清楚輕度腦創傷可能會造成大問題，輕忽輕度腦創傷的危害性，由於生物標記的市場有限，因而推遲研發的進程。

陳凱筠強調，生物標記是診斷工具，有了診斷，才能預防，也才能治療，如果不能透過生物標記及早發現問題，等到出現睡眠障礙、注意力不集中、記憶衰退等後遺症，想要治療就困難多了，而這正是北醫研究團隊堅持開發生物標記的核心理念。

延伸閱讀

威斯康辛卡片分類測驗

威斯康辛卡片分類測驗（WCST）是一種根據以往經驗，進行分類工作記憶和認知轉移能力的檢測方式。其反映的認知功能包括：抽象描述、認知轉移、注意力、工作記憶、訊息提取、分類維持及轉換、感覺輸入、運動輸出等，可以檢測出大腦額葉是否有局部損傷。

第十三章／從心跳瞭解你的大腦：HRV自律神經檢查

腦創傷患者被送到急診室時，重度及中度患者通常會被直接送進手術室或加護病房；至於輕度患者，如果只是腦震盪，一般只需觀察即可，但這不代表他們不會有事，過一陣子後，後遺症還是可能會一一浮現。

輕度腦創傷患者常見的後遺症，包括注意力下降、記憶力減退、焦慮及憂鬱等情緒問題，以及失眠、淺眠等睡眠障礙等，透過電腦斷層掃描（CT）或核磁共振掃描（MRI）等影像學檢查，往往找不到器官有什麼問題，此時就可能要考慮是不是自律神經失調。

自律神經系統控制人體臟器運作

人體的自律神經系統，控制所有內臟器官活動，不需要大腦下指令，就能及時且主動協調各器官的功能，達到器官之間運作的和諧。

自律神經系統分為交感神經和副交感神經兩大類，廣泛支配並控制人體的心、肺、胃、腸、肝、腎、膀胱、生殖器等內臟器官，以及血管、氣管、汗腺及其他腺體的運作，在這兩大神經系統的共同支配下，精細調節每個器官的運作。

其中，交感神經就像車子的油門，會讓我們處於亢奮、緊張、備戰的狀態。當交感神經興奮時，內臟的血管會收縮，使血液往肌肉流動，讓肌肉更有力，以便隨時應付突發狀況，才能戰鬥或逃跑，全力求生存。

副交感神經則剛好相反，就像車子的剎車，會解除身體的緊張狀態，使心跳變慢、瞳孔縮小、腸胃蠕動加快、排汗減少和肌肉放鬆，以便吸收營養和修復細胞。

在正常情況下，交感神經與副交感神經能相互協調制衡，調控情緒及內分泌系統，使人體維持正常運作。舉例來說，交感神經促使心跳加速一小段時間後，副交感神經就會接著作用，使心跳減緩，讓心臟能獲得休息。

如果兩者之間的協調失去平衡，就會導致所謂的「自律神經失調」，長期下來會影響到內臟器官的功能與情緒，甚至使我們的器官受損。

一旦交感神經太過亢進，整天都會很緊張，其實對身體會造成耗損；但若副交感神經太興奮，整個人又會變得懶洋洋、沒有活力，甚至病懨懨的。

就情緒來說，交感神經亢進會引發焦慮，副交感神經亢進則會導致憂鬱，兩者過猶不及都不好，維持平衡才是王道。

腦創傷可能導致自律神經失去平衡

臺北醫學大學神經醫學研究中心執行長王家儀曾經針對輕度腦創傷患者的情緒問題，以及睡眠障礙等常見後遺症，利用心率變異度檢測，作為瞭解自律神經功能的指標，在國際期刊發表論文。

二〇二三年七月刊登在《神經生物學進展》（Progress Neurobiology）期刊上的論文指出，輕度腦創傷患者的早期自律神經功能障礙，可能是導致他們睡眠障礙或晚期焦慮及憂鬱等情緒問題的原因。統計分析也證明，患者的焦慮症狀和腦創傷引起的自律神經功能降低有關。

很多人總認為，健康人的心跳節奏是規律且沒有變異的，但事實並不然。正常心跳會受到自律神經系統調控，進而產生變動，而這也正好提供心率變異度評估自律神經系統的活性，進而預測腦創傷患者未來是否會出現情緒問題及睡眠障礙等後遺症的契機。

王家儀表示，我們的神經系統分中樞神經系統和周圍神經系統，中樞神經系統就是大腦和脊髓，周圍神經系統就是體神經。如果想要動動手或動動腳，大腦就會把這個指令，透過脊髓傳到體神經，手腳的肌肉就會動起來。

但並不是所有神經都會聽大腦指揮，像自律神經就不是我們的意識可以控制的，包括呼吸、心跳和腸胃道蠕動就是如此。像人在說話時，大腦雖可以指揮嘴巴說什麼話，或不能說什麼話，卻無法讓呼吸停止，也不能讓心臟停止跳動，或是讓腸胃停止蠕動。

延伸閱讀 自律神經

自律神經（Autonomic nerve system），又稱為自主神經，支配心臟、肺臟、腸胃道及其他內臟器官的正常運作，負責維持生命基本必要機能的神經系統，包括心跳、呼吸、消化、流汗及體溫調節等，其運作不會受到自我意識影響而改變。

自律神經雖不受大腦控制，卻因十分敏感，容易受到情緒、外部刺激等影響，出現運作不正常的現象，導致健康失衡。

像肺臟、心臟和腸胃道等器官，都是由自律神經控制，而自律神經又聽命於大腦的下視丘。當頭部遭到撞擊而出現腦創傷，下視丘可能直接或間接受到影響，導致自律神經失去平衡。

在這種情況下，腦創傷患者常會有記憶力減退、注意力不集中、睡眠品質變差及出現焦慮等情緒問題，但這可能是患者的主觀表述，不見得準確。相較之下，心率變異度的檢測會比較客觀，也比較準確。

正常規律的生活有助平衡自律神經

心率變異度的原理和心電圖類似，以最明顯的心跳來說，心跳和心跳之間的間隔，有人快一點，有人慢一點，這個心跳與下個心跳之間有多少毫秒，可利用工程和數學的方式，再經過軟體轉換為頻率，呈現出一個圖表，我們就可從中看出交感神經和副交感神經的表現。

心率變異度可以量測一個人的「整體活性」（Total power），如果交感神經過度表現，就會太憂慮、太操心也太緊張，會過度耗損身體，整體活性就會下降，必須把它調回來。

心率變異度檢測除了可以利用心電圖儀器，再配合心率變異分析軟體來完成，市面上也有腕錶等攜帶式或穿戴式裝置，其優點包括非侵入性、操作方便又簡單、資料可即時獲取等，是目前評估自律神經很常用的方法之一。

如果檢測出交感神經和副交感神經的變動不是太大，王家儀通常會建議患者，透過調整生活作息、改善睡眠品質、規律運動以及均衡看飲食來改善，但這不是短期內就能看到成效，必須持之以恆。

在飲食方面，建議不妨多吃富含血清素的食物。像香蕉富含鉀離子，有助於電解質平衡，更重要的是含有很多色胺酸，能幫助大腦製造血清素，讓人變得快樂，所以香蕉又有「Happy fruit」（快樂水果）之稱，憂鬱症患者通常血清素都偏低，可多吃香蕉等富含血清素的蔬果來改善。

至於正常生活作息，就是不能日夜顛倒。王家儀認為，以前中國人常說「日出而作，日落而息」，就是一種非常有規律的生活方式，值得參考。唯有將自律神經調整好，才能走更長遠的路。

延伸閱讀

心率變異度

心率變異度（Heart rate variability, HRV）又稱心率變異分析、心率變異性，是一種量測連續心跳速率變化程度的方法，臨床大都用來檢測並分析自律神經是否處於平衡狀態。其計算方式，主要是利用心電圖或脈搏量測到的心跳，以及心跳間隔的時間序列，再透過電腦程式計算出數值，除可評估自律神經狀態，也可預測發生心肌梗塞後的死亡率。

第十四章／掃描你的大腦：fMRI大腦皮質影像檢查

承平已久的台灣，沒有類似伊拉克戰爭導致腦創傷患者大增的問題，但卻有另一個無法迴避的風險，就是台灣是個「機車王國」。

在台灣，大多數人都以機車代步，一年約有高達二十九萬件機車交通事故，會造成類似的腦創傷，當然也會留下後遺症，但鮮少有人注意，也沒有比較有效的治療方法。

搶救受損的「工作記憶」

當這些腦創傷病人回到職場後才慢慢發現，他們的注意力降低，不能像以前那樣同時做好幾件事情，尤其是「工作記憶」（Working memory）受損最為明顯。

工作記憶是什麼呢？臺北醫學大學腦意識創新轉譯中心主任陳震宇解釋，工作記憶就是大腦中樞神經瞬間要去處理複雜資訊的能力，這也是職場的基本能力。舉例來說，當老闆交待：「老張，麻煩你打九二七六五八八三這支電話和客戶連絡一下。」一般人會很快記得這八位數字，然後去打電話，但有腦創傷的老張就是做不來，他只記得前面的「九二七」，之後的「六五八八三」就記不起來。

這種狀態一般在受傷三個月後就會自然緩解，用電腦斷層掃描和核磁共振掃描不一定能看出來。約有十五～二〇％的病人，過了一年後還是很嚴重，仍無法像以前那樣工作，有人甚至會持續到兩年。

按照古典的解剖分類，大腦皮質可以分成八十幾個區域，每一個區域都有不同的特殊功能，如運動、感覺、思考、計劃、空間感、聲音，或是所謂的視覺功能，都在這些區域處理，而且每個區域的大腦皮質，都會投射到位於大腦深部的「下視丘」。

下視丘位於眼睛後側的腦部，體積很小，卻可以切分成七十幾個區域，每個區域都對準大腦皮質的某個部位，進行低頻的聯繫。如果現在是清醒、沒有打瞌睡的狀態，就會透過這種低頻的溝通，達到協調性或一致性，我們稱之為「下視丘皮質協調性」。

一旦被機車撞倒出現腦創傷後，腦組織瞬間位移，大腦皮質和下視丘之間的溝通韻律及節奏，就可能會出現類似心律不整的不協調或不一致狀態。

延伸閱讀

工作記憶

工作記憶（Working memory）指的是一種記憶容量有限的大腦認知系統，被暫時用來保存資訊的記憶模式，有時會被當成短期記憶，但工作記憶是認知心理學、神經心理學及神經科學的核心理論概念，兩者在形式上仍有不同。工作記憶是記憶的一部分，當大腦在處理資訊時，工作記憶負責把訊息暫存在短期記憶中，等待大腦處理。若有需要，它會從長期記憶中提取相關資訊。由大腦前額葉皮質負責的工作記憶，可分語文工作記憶和視覺空間工作記憶兩大類，會在短時間內儲存相關資訊，以便和長期記憶進行比較。

用 fMRI 找出腦部細微的變化

陳震宇帶領的影像醫學研究團隊，利用和結構性核磁共振掃描（MRI）原理不同的功能性核磁共振掃描（Functional magnetic resonance imaging, fMRI），去分析大腦皮質的微小變化，找出無法用電腦斷層掃描或核磁共振掃描發現的問題。

所謂的「功能性核磁共振掃描」，是一種神經影像技術的檢查方式，其原理是透過偵測局部血液含氧濃度及血液供應變化所產生的訊號改變，進而推算出神經細胞的功能活性，用來判斷神經細胞的健康程度。目前已作為神經內科臨床診斷、治療及評估預後之應用。

即使在傳統的結構性核磁共振掃描中，看到的影像幾乎完全正常，但用fMRI看起來就很複雜，簡單地說，就是低頻的部分會呈現比較高頻的狀態，因此就會顯得很亂。

其實人只要醒著，正常人腦部每個區域的連繫都不太一樣，會呈現一個特殊的型態，在低頻的連貫性是平順的，但腦創傷病人的型態就會改變，低頻的部分會很亂，一看就知道這個病人未來可能會有問題。

陳震宇解釋，這是因為他們在軟體繪製矩陣，再經由人工智慧特殊的分析，才會顯現這樣的結果。

過去幾年來，北醫研究團隊從老鼠的動物實驗，到急診室病人的收案研究，開發出一套人工智慧分析軟體，可以同時預測大腦皮質每個區域投射到下視丘的協調性，並從病人第一次fMRI的醫學影像中，預測其一年後的工作記憶，以及可能的後續變化。

陳震宇表示，他們使用不同的資料，在北醫附醫、雙和醫院反覆驗證，已經可以達到九成的正確率，這是非常難得的成就，相關研究論文已在二〇二三年七月刊登在《神經生物學進展》（Progress Neurobiology）期刊上。

有了這項工具，就能替頭部外傷的病人，尤其是腦創傷病人預測未來工作記憶的進程，評估是否需要加強復健，幫助對方早一點恢復，重新找回往日的工作能力。

延伸閱讀 功能性核磁共振掃描

功能性核磁共振掃描（Functional Magnetic Resonance Imaging, fMRI）是一種神經影像技術的檢查方式，其原理是利用核磁共振掃描來量測神經元活動所引發的血液動力學改變，因屬非侵入檢查，且輻射暴露劑量也較少，一直是檢測腦功能的重要工具。

在教育部的「高等教育深耕計畫」中，有個「特色領域研究中心計畫」，獲選的大學可得到多年的經費補助，因名額有限，競爭非常激烈。臺北醫學大學繼多年前由前校長閻雲當研究主持人的「癌症轉譯醫學研究中心」，首度獲選，二〇二三年以「腦意識創新轉譯中心」再度獲得這項殊榮，憑藉的就是這些年一步一腳印，在神經醫學領域打下的堅實基礎。

臺北醫學大學是在前董事長、中央研究院院士張文昌的帶領下，和美國國家衛生研究院（NIH）合作近十年，在國際重要期刊發表不少論文後，進而成立國內第一個腦意識創新轉譯中心，深化研究成果。

對大多數人而言，「腦意識」是個既玄又高不可攀的領域，太深奥也太難懂，其實腦意識是每個人都擁有的東西，只是未被充分研究而已。

未來，臺北醫學大學腦意識創新轉譯中心將會聚焦在幾個領域，而腦創傷產生的工作記憶改變是其中之一，其他還包括失智人口的老化、人口老化導致年輕人負擔加重所衍生的思覺失調等精神性疾病、植物人的腦意識，以及亞斯伯格症等高功能自閉症，要將台灣打造成全球腦意識研究重鎮。

任何研究成果，一定要能運用到臨床端幫助病人，才具備真正的價值，這正是醫學轉譯的核心價值。未來臺北醫學大學腦意識創新轉譯中心也會秉持這個精神，開發新的AI軟體及新藥，一起守護人類的健康。

第五部

腦創傷治療新趨勢

醫學科技日新月異，腦創傷引起的後遺症有了治療新機會：
隨著新藥誕生，過去無藥可醫的失智症，露出一線曙光；
對大腦進行電刺激，可以改善記憶喪失問題；
透過雙重任務的平衡訓練和大腦復健，則能預防跌倒和恢復行走。

第十五章／阿茲海默氏症、巴金森氏症治療新趨勢

臺北神經醫學中心副院長胡朝榮指出，不管是腦創傷或是老化的自然演變，類澱粉蛋白在大腦內的不正常堆積，已被認為是造成阿茲海默氏症的主要原因之一。

就像二〇〇四年韓國愛情電影《我腦海中的橡皮擦》的片名，阿茲海默氏症幾乎會抹掉所有的記憶，患者卻毫無所知，把傷感悲痛獨留給身邊最親近的人。

全球目前約有五千五百萬名失智症患者，其中百分之七十是阿茲海默氏症引起的，其餘百分之三十可能是頭部外傷、血管中風或藥物濫用等原因所造成。不管原因為何，患者的臨床表徵絕大多數是由記憶力變差開始，就是新的東西記不住，也學不會，但舊的東西卻還記得很清楚。

接下來，空間感就會出現問題，經常會迷路，而且以前會做的事情，變得不會做，

執行力也變差。慢慢的，語言表達也變得不好，常常不知道在說什麼。

這些表現在日常生活的症狀，患者幾乎渾然不知，只有少數會感覺出來，大都是親近的家人或朋友發現怪怪的，像是這個人突然常要做筆記，或是忘記原本和人家約好的事，但就算做了筆記，也常因為忘了看，沒什麼效果。

胡朝榮表示，就流行病學來講，阿茲海默氏症和巴金森氏症這兩種退化性神經病變，六十五歲以上的盛行率約八％，台灣大約有三十萬名患者，阿茲海默氏症占其中的八至九成，巴金森氏症較少，約占一至二成。

隨著年紀變老，類澱粉蛋白堆積越來越多，加上全球高齡化時代來臨，阿茲海默氏症的盛行率也越來越高，到了八十歲，大概每三個人就有一個，比率相當驚人。

延伸閱讀

類澱粉蛋白

類澱粉蛋白（Amyloid）又稱澱粉樣蛋白，是一種短鏈且不可溶的纖維性蛋白質，如果在器官中不正常堆積，會形成老年斑塊，出現類澱粉沈積症。在阿茲海默氏症、巴金森氏症等退化性神經病變患者的神經系統中，都可看到大量類澱粉蛋白的堆積。

抗體藥可以延緩失智症惡化

因應這個全球化趨勢，各大藥廠紛紛研發治療藥物。經過醫藥界數十年來不斷努力，近年來已有不少治療阿茲海默氏症的藥物被研發出來，其中有兩種抗體藥，已分別於二〇二二年及二〇二三年被美國食品暨藥物管理局（FDA）核准使用，這對全球無數阿茲海默氏症患者來說，無疑是個劃時代的突破。

其中，由日本衛采（Eisai）及美國百健（Biogen）這兩家公司共同研發的新藥Leqembi，FDA已於二〇二三年一月六日批准上市，適用對象是輕度失智及早期阿茲海默氏症病患，可以減少大腦中形成類澱粉蛋白的堆積，減緩記憶力和思維衰退。

美國禮來（Eli Lilly and Company）這家以研發為基礎的全球性醫藥公司，正在尋求FDA批准該公司研發的Donanemab上市許可，如果通過的話，這將是繼Leqembi之後，第三種可用來治療阿茲海默氏症的藥物。

禮來公司於二〇二三年七月十七日在荷蘭阿姆斯特丹舉行的阿茲海默氏症協會國際研討會中對外表示，新藥問世意味著人們在面對阿茲海默氏症這種過去幾乎束手無策的退化性神經病變，終於多了一些希望。

Leqembi和Donanemab都是實驗室製造的抗體，透過靜脈注射給藥，可以清除掉類澱粉蛋白這個導致阿茲海默氏症的罪魁禍首。不過有些科學家認為，雖然這些藥物可能標誌著阿茲海默氏症治療的新紀元，但哪些患者適合接受治療，以及他們可以得到多大的改善，仍待進一步觀察。

我們的腦內原本就有類澱粉蛋白，為什麼會隨著年紀增長而變多？到底是製造多了？還是清除少了？醫界並不清楚。但如今有了可以清除類澱粉蛋白的抗體藥，或許可以給病患多一些希望，並讓家屬少點負擔。

雖然這些抗體藥並沒有辦法治癒阿茲海默氏症，卻可以清除堆積在腦內的類澱粉蛋白，不讓病情快速進展下去，不僅病患可以有更多時間過著較正常的生活，照顧他們的家屬也可稍微喘一口氣。

而且因為有這種藥物，腦創傷病患被送進醫院後，醫師就可以立即檢測他們腦中的類澱粉蛋白是否偏高，再決定要不要給予藥物治療。

阿茲海默氏症是進行性的退化性腦神經病變，治療時機的掌握非常重要，太早切入的醫療成本太高，太晚切入又可能錯失緩解病情的機會。

繼美國之後，日本厚生勞働省通過自二〇二三年十二月二十日起，這些抗體藥可以用來治療阿茲海默氏症，約有三萬兩千名患者符合治療條件。根據日本放送協會（NHK）估計，每個患者每兩週要點滴注射治療一次，每年藥費支出約兩百九十八萬日圓，約合新台幣六十四萬元，雖可用保險給付，但對未投保的患者來說，是個不小的負擔。

除了類澱粉蛋白的堆積外，濤蛋白也是導致阿茲海默氏症的原因之一。重症阿茲海默氏症是以類澱粉蛋白為主，輕症則大都和濤蛋白有關，且大都是反覆性運動撞擊引發輕微腦創傷所累積而成，因此醫學界將因濤蛋白引起的阿茲海默氏症，又稱為「慢性創傷性腦病變」（請見第一章）。

藥物不是治療失憶的唯一選項

藥物是不是治療阿茲海默氏症的唯一選項？恐怕未必見得，不少研究團隊努力開發其他的治療方式，美國賓州大學就是進展比較快的一個。該校一項獲得美國國防高等研究計劃署（DARPA）經費支持的研究顯示，用人工智慧引導的「大腦電刺激」（編注：透過植入大腦中的電極，傳遞電脈衝至相關神經核團），可以改善腦創傷患者的記憶力。

根據統計，腦創傷會讓一～二%的人活在後遺症的困擾下，最常見的是短期記憶力下降。而能夠改善其他神經系統疾病患者大腦功能的「大腦電刺激」，似乎也能改善腦創傷引起的記憶力問題。

賓州大學神經科學團隊研究了植入電極的腦創傷患者，分析他們學習單字時的神經數據，並利用機器學習演算法來預測短暫的記憶衰退，結果發現這種有針對性的電刺激，可以讓記憶單字的能力提高十九％，相關研究論文已在二〇二三年七月十八日發表在《Brain Stimulation》期刊。

帶領這個研究團隊的賓州大學心理學教授 Michael Jacob Kahana 表示，過去十年來，透過大腦電刺激來治療癲癇、巴金森氏症和憂鬱症等多種神經退化性疾病，都有很明顯的進展。高達兩千七百萬美國人因缺乏有效治療而導致記憶喪失，如今他們的病情終於出現一線曙光。

第十六章／

腦創傷後遺症的新希望：從老藥新用到新藥研發

依疾病發生率來看，因頭部撞擊導致的腦創傷，早已超過癌症和腦中風，而這可以從醫院急診室看出一二。

臺北醫學大學神經醫學研究中心主任蔣永孝表示，外傷患者是急診收治的一大族群，不管是車禍、高處墜落或走路不小心跌倒，頭部是最容易受傷的部位。這些患者通常還合併有骨折或腦震盪，必須立即處理。

發生腦震盪後，腦內產生的變化，其實只有當事人最清楚。他們最想知道的是：接下來會發生什麼事情？腦內會不會出血？對神經功能有沒有造成影響？會不會出現後遺症？有沒有藥物可以治療？

治療腦創傷的藥物選擇有限

這一連串的問題，幾乎每個患者都很想知道，但神經外科醫師可以回答的並不多，因為這裡面充滿了太多未知數，其中又以可用來治療的藥物不多，最讓第一線醫師頭痛。

腦是個相當精密且神秘的構造，我們對它的了解，也只是其中一小部分，藥物的開發速度和品項，相對慢又少，醫師可以選擇的並不多，為了爭取黃金治療時間，目前仍以老藥新用為主，等新藥研發出來，再視情況改用新藥。

顧名思義，老藥新用就是在目前已在使用的藥物中，如果具備可以減輕腦部傷害的藥效，就先拿來使用。

蔣永孝舉例，有個知名的化痰藥，臨床上應用是讓痰變得很稀，方便患者可以咳出來。但後來有人發現，這個化痰藥的化學結構是個很好的抗氧化劑，可以用在腦創傷的急性期，以減輕游離基（又名自由基）對腦部的傷害，而且是越早使用越好。

老藥新用雖可稍解燃眉之急，但畢竟不是長久之計，還是需要全力開發新藥才行。但從找到新的化合物，到可以臨床使用，通常需要二十年、甚至三十年的時間，緩不濟急，因此在等待新藥的過程中，老藥還是扮演相當吃重的角色。

事實上，美國國家衛生研究院（NIH）底下有個老化研究所（NIA），專門從事預防老化的相關研究，積極尋找如何解決老化的方法，其中有個很大的計畫，就是鼓勵從現有的藥物中，找出可以解決老化問題的標的，主要目的就是縮短時間，讓患者可以立即得到照護。

不管怎麼說，老藥新用和新藥研發必須同步進行，老藥新用主要是填補新藥研發過程中的空窗期，等新藥研發出來，證實效果比老藥好，老藥就可功成身退，由新藥取代。

知名抗憂鬱藥物前身是抗過敏藥

然而，市面上的藥物何止千萬種，在茫茫藥海中，如何找到適合的老藥可是門大學問。蔣永孝認為，在這個時候「化學師」就扮演相當重要的角色。

每個國際大藥廠都有專職的化學師，他們對化學結構瞭如指掌，可以從各式各樣的化學結構中，找出哪些老藥可能具備尚未被發現的新作用，並評估老藥未來的發展潛力。

這些規模很大的國際性藥廠，都有很大的藥庫，裡面有很多化合物，要靠這些化學師從中挖寶，就像在一大片沙灘中，找出一粒閃閃發光的黃金。

多年來，被化學師慧眼識英雄挖掘出來而一飛沖天的化合物不在少數，最有名的例子是百憂解（Fluoxetine），商品名為 Prozac，這是一種「選擇性 5- 羥色胺再攝取抑制劑」類的抗憂鬱藥物，可治療成人的重度憂鬱障礙、強迫症、社交恐懼症及神經性暴食症等。

最初發現它的是香港籍的禮來藥廠神經科學家 David Wong。當時醫學界已知道第一代的抗組織胺藥物 Diphenhydramine，除了可治療過敏症，也具有抗憂鬱的鎮靜作用，他認為 Diphenhydramine 的衍生化合物深具潛力，可成為未來之星，建議禮來藥廠研發此一化合物，做為治療憂鬱症的藥物。

在他的堅持下，百憂解於一九八六年首度在比利時獲准用於憂鬱症的治療，隔年取得美國食品暨藥物管理局核准進入美國市場。在二〇〇一年八月專利到期之前，百憂解是全球最知名也最成功的抗憂鬱藥物，原本財務狀況不佳的禮來藥廠，也因這個藥物讓股價一飛沖天，一掃財務搖搖欲墜的陰霾。

當時，蔣永孝在美國印地安那州做研究，見證了禮來藥廠浴火重生的過程。原本是一家所有專利藥都即將到期、面臨經營困境的公司，僅僅靠百憂解這個找到新用途的老藥，從谷底翻身。

「這就是聰明才智再加上堅持，最後走上成功之路的最佳例子。」蔣永孝說，若不是 David Wong 從一大堆化合物中驗證 Diphenhydramine 這個化合物，堅信它深具潛力，而禮來藥廠也相信他的專業，最後才有百憂解的獨領風騷。

David Wong 退休後，禮來藥廠為了感念他的貢獻，將他的事蹟陳列在該公司的大廳中，供後人學習，留下一段佳話。

治療心血管藥物意外變成壯陽藥

至於老藥新用的最有名例子之一是威而剛（Viagra），原本是美國輝瑞藥廠開發用來治療心血管疾病的藥物，但臨床試驗結果無法達到預期效果，拿不到美國 FDA 的許可，無法上市。

後來，研發人員意外發現，它會導致受試者陰莖勃起的副作用，似乎可改善男性的性功能，因而針對陰莖海綿體平滑肌的作用，展開一系列研究，把原本的副作用搖身一變為主治功能，終於在一九九八年獲得 FDA 准核上市。這種俗稱「藍色小藥丸」的壯陽藥物瞬間一炮而紅，成為許多男性重振雄風的最大依靠。

攝護腺治療藥物也有類似老藥新用的情形。科學家偶然發現，市售攝護腺治療藥物有促進毛髮生長的副作用，覺得很有潛力，經過一系列臨床研究證實後，最後衍生出可促進毛髮生長的藥物，深獲髮量逐漸稀少男性的青睞。

在人工智慧 AI 幾乎無所不在的今天，化學師還有存在的價值嗎？蔣永孝對此並不擔心，他認為，AI 雖然厲害，但凡事總有風險，尤其是預測未來要發生的事情，如果預測成真，就是巨大的成功，但若沒有發生，就是失敗，AI也要面對同樣的挑戰。

他認為，化學師存在的價值，除了對化合物要熟悉，還要有在漫無邊際的茫茫藥海中，找到可促進人類健康藥物的那份堅持，David Wong之於百憂解，就是個最好的典範。

蔣永孝表示，北醫體系要做藥物開發，就必須跟這種機構或專家合作。這些年來，他們和美國國家衛生研究院老化研究所的一位教授合作，對方知道有哪些合適的化合物，因此做出類升糖素胜肽–1（GLP–1）和胃抑制胜肽（GIP）這兩種藥物，

延伸閱讀

類升糖素胜肽–1

類升糖素胜肽–1（Glucagon-like peptide-1, GLP–1）是一種主要由腸道L細胞產生的激素，屬於腸促胰島素的一種。具有促進分泌胰島素、抑制分泌胰高血糖素、抑制胃動力延遲胃排空時間，以及透過中樞神經系統抑制食慾等生理功能，有助於糖尿病治療及減重。

用在腦創傷導致的阿茲海默氏症和巴金森氏症患者身上，效果相當不錯。

其實，GLP–1和GIP是胰臟分泌的一種物質，其中GLP–1可以促進分泌胰島素，吸引各大藥廠投入開發治療糖尿病相關藥物。相較於注射劑型，這種口服藥對患者是更方便的選擇，因此引起全球眾多糖尿病患的高度關注。

在二〇二三年六月舉行的第八十三屆美國糖尿病學會大會上，禮來藥廠和諾和諾德藥廠（Novo Nordisk）都公布其口服候選藥物的積極臨床結果，兩家藥物的減重效果都可達約十五％，競爭白熱化。

難以想像的是，最近一、兩年，這些藥物意外成了減肥的熱門選擇，而且一藥難求，有時甚至連主要適用對象的糖尿病患也買不到，這是蔣永孝當年無法想像的事。

十五年來，臺北醫學大學神經醫學研究中心和美國國家衛生研究院一直有非常緊密的合作，共同發表了很多研究論文，首先重點放在頭部撞擊後對腦的影響，接下來是找出檢測的生物標記、怎麼診斷及治療，以及研發更有效的藥物，未來要攜手幫助無數的腦創傷患者走出困境。

延伸閱讀

胃抑制胜肽

胃抑制胜肽（Gastric inhibitory peptide, GIP）是由四十三個氨基酸組成的直鏈胜肽，是由小腸黏膜的K細胞產生的荷爾蒙。具有刺激胰島素分泌的作用，讓中樞神經系統抑制食慾等功能。由於這種胜肽的促胰島素分泌作用，受血液的葡萄糖濃度影響，比較不會有低血糖的副作用。

第十七章／失衡大腦的復健處方

因頭部撞擊導致的腦創傷，依程度分為重度、中度和輕度，一般來說，重度和中度的個案不多，大多數的患者都屬輕度，但因症狀不明顯，短期內對日常生活及工作沒有多大影響，常容易被忽略，等有一天出現症狀才去治療或復健，效果往往不如理想。

正因如此，近十幾年來，臺北醫學大學神經醫學研究中心深入研究輕度腦創傷，希望能幫為數眾多的病患，找到及早預防及治療的方法，以減少他們將來面對沈重人生的可能性，同時也減輕家庭及社會的負擔。

臺北醫學大學高齡健康暨長期照護學系副教授、同時也是雙和醫院復健醫學部物理治療師林立峯表示，不少人因在家裡跌倒，或是騎機車摔倒而撞到頭，被送到醫院急診室時，也許已在短時間內恢復意識，或是自覺已經好多了，就打算出院回家休息。

追蹤輕度腦創傷患者後續狀況

包括雙和、北醫附醫及萬芳等北醫體系附設醫院的急診科醫師，此時都會很謹慎地幫這些傷病患預約下次神經外科的門診，以便讓專科醫師再次確認病情發展，才會讓患者離開急診室。

這樣貼心的安排，主要是因為根據北醫體系過去發表的兩篇研究論文，發現意外事故發生一個禮拜內，如果這些輕度腦創傷病人能夠接受科學化工具評估其平衡功能，對於後續追蹤預後會有不錯的效果。

醫護人員會讓這些腦創傷患者站在平衡儀上面，看看他們的身體重心變化，以及偏離原點有多少距離，同時也檢視他們搖晃的程度，就可以分辨出他們和正常人的平衡表現有什麼不同。

林立峯指出，平衡感原本就會受年紀影響，但可以根據常模進行對應調整。他們曾邀請腦創傷的病人回來測試，同時也邀請一些沒有腦創傷的人當對照組，一起做平衡測試研究。

平衡儀本身的參數很多，經過比較後發現，其中有幾個特定參數有顯著差異，因此挑選出來作為臨床平衡測試的指標。林立峯和醫界將這種測試平衡的指標，或是測試步態的指標，姑且稱為「數位生物標記」，以有別於一般常見的生物標記。除了這兩類指標外，他們又加上暈眩量表，讓這套測試更加完備。

有趣的是，當用暈眩量表詢問病人時，幾乎都勾選「沒有」，代表他們都自認沒有暈眩問題，就算有一點暈眩，症狀也很輕微，不會影響日常生活。然而當他們站上平衡儀後，卻可發現他們的平衡能力並不好。在國外，同樣的研究也得出同樣的結果，可見這是個普遍現象。

從此可見，病人自己所陳述的樣態，顯然和使用平衡儀客觀測量出來的結果，有很大的不同。事實上，暈眩有不同程度，自述沒有暈眩或相對輕微的病人，通常不太能夠感受出來。

以雙重平衡測試瞭解腦創傷的影響

過去的測試都是單一任務，要求接受測試的病人一次只做一件事，像是站上平衡儀後，只要穩穩地站著就好，不用做其他事。然而在日常生活中，不見得一次只做一件事，有時還得分心去留意第二件、第三件甚至更多的事，像邊走路邊講手機，或是吃飯時邊看電視、順便聊天等，這是雙重或多重任務，也是真實世界的日常。

為了解決這種主觀陳述所造成的認知落差，林立峯日前向國科會申請一個創新設計電腦化平衡測試計畫，而且在這個計畫裡，林立峯增加雙重任務這個主題。同樣是做平衡測試的評估，在原有的單一任務外，再加上一個任務，也就是說，讓受試病人站在平衡儀後，再給予認知干擾，然後看他們的平衡是不是如預期般受到影響。

這個雙重平衡任務其實很簡單，就是讓受試病人在字和顏色之間做出選擇，而且答案以顏色為主。比如說，當電腦螢幕上出現一個「黃」字，而這個字體的顏色卻是藍色的，受試者必須回答「藍色」，而不是「黃色」；同樣的，如果電腦螢幕出現的文字是「紅」字，卻以黃色呈現，就要回答「黃色」。

這是個有趣的測試，也算是一種形式的心理測驗，目的是讓受試者在注意看字說出顏色的同時，同時也要兼顧身體平衡。

從某個角度來看，這雖是測試，卻也是種遊戲，再加上介入訓練，很符合生活上的實際需求，因為在現實世界中，我們通常要同時做好幾件事情，不會一次只做一件事。

在雙重任務的測試過程中，林立峯更在意的是病人的注意力。因為一旦腦創傷病人的注意力沒辦法集中或是分配，就會出現一些狀況，因此有必要透過重複的雙重任務練習，訓練他們學會分配注意力在不同任務的能力。

觀察發現，這種雙重任務測試其實非常燒腦，對年紀較大的受試者尤其如此。

研究人員除了會統計受試者回答問題的對錯，也會把反應時間計入，以免為了正確回答，而花了很長的時間思考。此外，在測試的同時，也會觀察受試者的平衡感是不是有受到干擾。

為什麼要做這個測試呢？林立峯表示，頭部遭到撞擊後，除了暈眩，其實記憶力會下降，注意力也比較難集中，或是注意力沒辦法有效分配，而這個測試可分辨出到底有沒有問題，不再只是聽病人陳述「我覺得我沒有問題」。有時候，說自己沒問題的人才是真的有問題。

過去只做單一任務的平衡測試時，大多數受試病人和一般正常人沒太大差別，病人也覺得自己沒什麼問題，但加入雙重任務後，情況就明顯改變了。林立峯發現，受到認知干擾後表現越差的人，平衡感也越差。

雖然這個結果不是病人想看到的，但卻對他們很有幫助。透過這些測試，醫療人員能夠及早發現有問題的病人，然後給予藥物治療或復健訓練，避免惡化，這才是檢測的目的。

復健訓練讓平衡感變好

為了病人的預後著想，林立峯設計了一套訓練模式，透過雙重任務來訓練平衡。

首先，他們開發穿戴式裝置，在腰帶上有兩個按鈕，病人一如以往接受雙重任務的測試。

當電腦螢幕上出現「黃」這個字，而字體的顏色是藍色的，左手要按鈕告知答案是「不一致」的；如果電腦螢幕出現「黃」字，而且字體的顏色也是黃色，就要用右手按鈕，回答是「一致」的。

進行認知干擾測試時，受試病人需站在平衡儀上，但進行雙重任務訓練時，只要站在一般的地板上即可。

林立峯融入過往復健訓練的做法，會要求病人採取不同的站姿，第一種是雙腳與肩同寬，可以站得很穩；第二種是雙腳併攏，有些人會開始有點站不穩；第三種是後腳尖抵著前腳跟的一字形站姿，這時候可能會搖晃得更厲害。

先單純站著，再給予認知干擾，測試時要先睜開眼睛做一遍，然後閉眼再做一次，最後得出十二種結果。林立峯的設計是訓練至少要做八到十次，等所有資料蒐集好後，再進行前後比對，評估訓練成果，看平衡感有沒有變好，回答正確率有無提高等。

林立峯發現，大多數接受測試的病人，第一次做都是手忙腳亂，不僅回答的速度慢，答錯的比率也高。但在接下來的測試中，認知部分有如倒吃甘蔗，有越來越好的傾向，但他更在意的是平衡感有沒有變好。

他解釋，有些人為了好好回答問題，就忘了平衡這件事。為此，他們設計的問題中，已考慮到兩者都需兼顧，也就是說，既要答得正確，也要站得好。還好大多數受試者在後續的測試中，都有逐漸進步。

由於張開眼可以看到顏色，閉眼就行不通了，所以林立峯改成用聆聽的方式，一樣可以進行雙重任務。

他改用聽聲音的這個變通方法非常特殊，將聲音分為三種，第一種是長音和短音，比如用很慢的速度說出「短音」兩字，或是用很急促的速度說出「長音」兩字，因為前者是長音，而後者其實是短音，所以答案都是「不一致」。

第二種是男音和女音，如果由男生說出「男生」，就是「一致」，如果男生說出的是「女生」，就是「不一致」。同樣的，如果由女生說出「女生」，答案是「一致」，如果她說的是「男生」，就是「不一致」。

第三種是高音和低音。不過，林立峯測試後發現，有些受試者年紀較大，聽覺會隨年齡增長而退化，不見得能分辨出高音和低音，因此他們的反應，不一定能反映出他們真實的注意力，可能會干擾到研究結果，因此最後決定取消這種高低音的測試方式，只採行第一種及第二種方式。

雙重任務訓練可減少再次跌倒

雙重任務其實適用於不同的病患族群，從過去的研究文獻可以發現，中風、巴金森氏症和失智症都可以採用雙重任務來測試及訓練。而林立峯和研究團隊聚焦在平衡和步態，主要目的就是防止這些病人跌倒。

不管是腦創傷導致的退化性腦神經病變，或是中風偏癱，患者在日常生活中最常見的意外是跌倒，尤其是當這些患者正在走路時，突然旁邊有人叫他，一時就忘了該怎麼規律地走下去，就很容易失去平衡而跌倒。

林立峯表示，對不少中風及巴金森氏症的患者來說，走路轉彎是件困難的事，很需要專心，因此在衛教的時候，他經常提醒家屬，千萬別在患者轉彎時和他說話，不要再給他一個「新的任務」，因為他正專心在轉彎，說話只會讓他分心，這樣一不小心就會跌倒。

但要做到這點並不容易，家屬通常都很急，往往忍不住和正在努力走路或轉彎的患者說話。常可聽到家屬催著患者快點做完訓練，例如「趕快做完物理治療，等一下還要去做職能治療」或是「動作快一點，再過幾分鐘，就要去搭復康巴士了！」。家屬心急，正在做復健的患者更急，一不小心，移動中的腳可能會卡到桌腳或椅腳而跌倒，造成更大的傷害。

對這些患者來說，旁邊突然有人叫他就是一種干擾。而透過雙重任務的測試，無非是要訓練他們能夠在被干擾的環境下，還能保持穩定的步態和平衡，減少跌倒的機率。

林立峯同時身兼跨領域學院創新創業教育中心主任，他很期待未來能將自己研發的電腦化平衡訓練穿戴式裝置申請專利，甚至能創業、對外推廣，這樣就可以造福更多的病患。

重新訓練大腦學習走路

腦創傷不一定會出血，卻一定會導致腦功能受損。林立峯和研究團隊追蹤發現，如果撞到位於後腦勺的小腦，平衡感可能會變差，若撞到其他部位，有時候也會變差。

有趣的是，就算不做任何復健或平衡訓練，六週到十二週後，會出現一個轉折，原本變差的平衡功能會改善，但通常不會恢復到受傷前的正常程度。

他們正在進行一項研究，想知道若能及早讓這些頭部外傷患者接受復健或平衡訓練，他們變差的平衡感能否在更短時間內，如一個月內變好？

事實上，一個人的平衡感若不好，通常步態表現也不會好。在最新的研究中，研究人員蒐集了步態的資料，分析腦創傷受試者和正常受試者的步態，分析不同受試者的步態，是否真的不同。

林立峯說，他們曾做過中風病人和失智症病人的步態分析，中風病人通常有一側的偏癱，步態一定不一樣。讓他們感興趣的是，失智症病人的認知功能受到影響，也會影響到其步態表現。

步態分析也有很多的參數，目前約有三十個，其中比較重要的是速度、步長和步頻，速度是走路的快慢速度，步長是指每一步的距離，步頻則是每分鐘走路的步數。以巴金森氏症患者為例，他們走路會出現小碎步，速度可能變快，步長變短，步頻則變高。

另一個重要的參數是變異性。一般人走路是規律的，但有的人不是，會忽快忽慢，常常走了一步後，就突然停住了，像巴金森氏症患者就常出現這種所謂的「凍凝步態」（Freezing gait），就像突然間被凍住了，這通常和大腦的基底核和運動皮質區迴路受損有關。

當人走路時，前運動皮質區會通知腳：「你要起步囉！」一旦起步動作的訊號沒有發出，原本往前走的腳就會停住。這時候就會聽到巴金森氏症患者的家屬在旁邊一直催促：「你的腳要抬高。」

此時，林立峯會告訴家屬，這種「愛之深，責之切」的提醒是沒有用的，再怎麼提醒，患者的運動皮質區指令訊息若沒辦法往下傳達，他的腳不會因旁人提醒而抬高，自然也不會往前跨出去，就只是凍凝在那裡。

所幸這種情形還是有解決的方法。此時林立峯會給患者一些暗示，有時候會在地上貼上一步一步的彩色膠帶，引導患者每一步都要踩在膠帶上，這在動作學習領域叫做「視覺回饋」。

不要求患者把腳往前跨步，也不提醒他將腳要抬高，而是要求他把腳踩在眼前的那一段一段的彩色膠帶上，這樣他的步伐就會變好。

林立峯解釋，這是教導患者的大腦運動前皮質區如何釋放那些訊號，下達往前走的指令，訓練久了，走路自然會有所改善。

用打拍子和調整呼吸讓腳往前走

研究顯示，對巴金森氏症患者來說，視覺回饋和聽覺回饋都是很好的復健訓練。林立峯發現，如果給巴金森氏症患者像彈鋼琴常用的那種節拍，他的腳就會開始跟著節拍往前移動，因此訓練患者跟著節拍前進。不過他提醒，這種節拍必須是規律性的，不能忽快忽慢，否則患者會不知所措。

等患者學會跟著節拍前進，就會再教他一些小技巧：萬一哪一天腳又凍住不動，先別緊張，不妨先深呼吸，接下來改以手指頭打拍子，就像是聽演奏時，腳常會不自覺跟著打拍子一樣，這個小小的動作，可以收到意想不到的效果，因為已經習慣節拍的感覺，就能引導他的腳再度啟動，往前邁步。

而善用自己的呼吸節奏，也能有相同的效果。當患者重新學會走路以後，可以試著用「吸兩下、吐兩下」的節奏，輔助自己的腳往前走。

林立峯以「往前走」為例，再搭配雙重任務，當患者往前走時，他會再給對方一個任務，例如詢問「一百減掉七是多少？」，患者必須回答「九十三」。接下來他會再詢問「再減掉七剩多少？」，患者要回答「八十六」，如果答錯了，就要求患者再答一次，直到答對為止。在這個問答的過程中，患者往前走的步伐不能停下來，就這樣雙方一路問答下去，直到走完預設的距離。

患者在接受雙重任務的過程中，林立峯常發現，當他詢問「一百減七」時，有些患者的腳步會突然慢下來，或是變得忽快忽慢，步長也會跟著改變。

「這很燒腦的。」林立峯笑說，光是在心裡計算這些數字，就足夠讓受試的患者忙碌，更何況還要邊走邊答。

這種來自外界的干擾，本來就是日常生活中的一部分。所有的辛苦總會有代價，經過雙重任務的不斷考驗，可以讓患者往前跨步，走向更正常的人生。

這種雙重任務既是檢測，廣義來說也是一種大腦的訓練，現階段的設計還不夠結構化，以後還可以再優化。

打太極拳可避免記憶衰退

透過雙重任務來加強步態、平衡和記憶力等功能，目前已逐漸成為全球的研究主流。

二〇二三年十一月六日刊登在《Annals of Internal Medicine》（內科醫學年鑑）的一篇論文，證實結合太極拳這個雙重任務，有助於改善記憶力。這篇論文的通訊作者、美國奧勒岡健康與科學大學健康老化聯盟聯合主任 Elizabeth Eckstrom 博士表示，上了年紀的老人家常會忘記鑰匙放在哪裡，或是記不起一本書的書名，這可能是分心或疲勞導致的健忘，也可能是大腦功能退化引起的記憶力下降。

為了改善這種惱人的情況，她帶領的研究團隊以近三百位平均年齡在七十幾歲的老人為對象，他們自述記憶力大不如前，並接受大約十分鐘的「蒙特婁認知評估」，以瞭解其認知功能。

蒙特婁認知評估的正常分數是二十六~三十，這些參與者的平均分數是二十五分。得分在十八到二十五之間的人，被認為有輕度的記憶障礙，這意味著他們雖沒有失智症，但他們已經不像以前那麼敏銳。

研究發現，每週練習兩次太極拳且持續六個月的人，他們的分數提高了一．五分，增加的分數雖然不是很多，但 Elizabeth Eckstrom 認為，這足以讓這些參與者多了三年時間來避免記憶衰退。

研究團隊進一步給予這些參與者一個雙重任務，稱之為「認知增強太極拳」，要求參與者在打太極拳的動作前後，拼寫一個單字，這無非是要參與者在做流暢的肢體運動時，也要強迫自己的大腦去認真思考。

透過這種認知增強型太極拳訓練，參與者在蒙特婁認知評估的分數大約增加三分，等於額外延長六年的認知功能，效果更加顯著。

從這項最新研究不難看出，如果能在包括太極拳在內的各種認知復健過程中，再加上雙重任務，將可提升記憶力等認知功能。如果能擴大應用到腦創傷患者身上，應該也可以得到相同的效果。

延伸閱讀

蒙特婁認知評估

蒙特婁認知評估（Montreal Cognitive Assessment, MoCA）是一種普遍用於檢測認知功能障礙的篩檢方式，一九九六年由加拿大神經學家 Ziad Nasreddine 在魁北克省的蒙特婁發展出來，因而以地名命名。

蒙特數認知評估的滿分是三十分，分七個步驟進行，大約十分鐘就能完成，內容包括短期記憶、視覺空間能力、語言評估、抽象推理、注意力、執行力以及對時間和地點的定位等。

接受評估者的得分在零到三十分之間，二十六分以上為正常。在一項研究中，沒有認知功能障礙的人平均得分是二十七・四分，有輕度認知功能障礙的人平均得分是二十二・一分，至於阿茲海默氏症患者，平均得分為十六・二分。

研究證明，蒙特婁認知評估可用來檢測輕度認知功能障礙、巴金森氏症、早期阿茲海默氏症、血管性失智症、亨丁頓舞蹈症、睡眠障礙、腦創傷等疾病或症狀。

第六部

減少意外事故為上策

交通意外事故無所不在，
若能從政府的交通政策和人行道規劃著手，
加上對民眾的安全宣導，提高安全意識，
就能減少傷亡及腦創傷的發生率，
降低家庭及社會要付出巨大的成本。

第十八章／提高行人和騎士的交通安全

減少頭部撞擊，是降低腦創傷導致一連串後遺症的關鍵。各國預防的方法不儘相同，台灣要有屬於自己的因應策略，才能奏效。

前衛福部部長、同時也是國際神經外科權威的邱文達表示，台灣有高達七成的腦創傷患者是機車事故引起，這在全世界較為少見。所幸自從立法施行「騎乘機車必須戴安全帽」以來，因機車事故導致腦創傷的個案已明顯減少。

有了這個成功模式，汽車駕駛人和前後座乘客都必須繫上安全帶，以及汽車後座的嬰幼兒要坐在安全座椅裡面的政策規定，也相繼推出，再次降低腦創傷個案發生率，讓各大醫院神經外科醫師無日無夜在開刀房搶救病患的畫面不再出現，見證了一個成功政策可以拯救千萬人的宏大效果。

和歐美、日本等先進國家相比，邱文達認為，台灣做得還不夠，還是有不少可以優化和改進的地方，比如騎乘腳踏車也應戴上安全帽、斑馬線人行空間需要進一步綜合評估及規劃、加強行人安全至上的觀念，以及確保居家環境安全等。

隨著溫室氣體排放量日益增加，氣候變遷導致的大自然災害層出不窮，逼得全球各國不得不正視節能減碳的急迫性，捨棄開車而改搭乘大眾運輸工具，甚至騎腳踏車代步的人，已經越來越多。

騎單車也必須戴上安全帽

台灣雖也逐漸趕上這股潮流，但騎腳踏車會戴上安全帽的人仍少之又少。相較於鄰近的日本、新加坡及馬來西亞，台灣顯然還有很大的進步空間。

邱文達認為，台灣人騎腳踏車會戴安全帽比率偏低的原因不少，用政策規定的阻力必然很大，但只要能從教育、宣導及立法多方著手，讓全民都有正確的觀念，願意戴上安全帽的比率增加，就有可能減少傷亡。

他舉例，當年美國推動「騎腳踏車要戴安全帽」的運動時，曾經遭到重重困難，後來立法採取重罰政策，讓腳踏車、機車騎士跟汽車駕駛人一樣，如果撞到行人，就有可能面臨被判幾年徒刑的風險，於是騎車戴安全帽和禮讓行人，就成了每個人的常識和習慣。

缺乏安全人行道造就「行人地獄」

至於行人安全方面，曾有媒體報導台灣行人被撞死的比率偏高，美國CNN有線電視新聞網甚至報導「台灣是行人的地獄」，讓以半導體產業聞名全球的台灣臉上無光。

邱文達在二〇二三年五月二十九日《聯合報》數位版刊登的文章〈台灣行人地獄，為何我們步步驚心〉中指出，交通事故會讓國家社會付出巨大的成本，有必要透過人行空間徹底改造等各種手段加以改善。

他一開頭就以「八・二」這個數字，表達他對台灣交通事故導致國家社會成本重大損失的憂心。二〇二二年，台灣交通事故年度死亡人數首度超過三千人，達到三千零八十五人，相當於平均每天有八・二人死於交通事故。

「這些人和你我一樣，只是出門上學、上班、購物或拜訪親朋好友，卻再也沒有回來。」邱文達在文章中語重心長地說。

這些死於交通事故的人，十三％是行人，一年約有四百人。近一步統計發現，近五年來，全國行人死亡數最多的前六名，都由所謂的「六都」直轄市包辦，人數最多的是台中市，接下來依序是新北市、桃園市、台北市、高雄市和台南市，其他縣市則以彰化縣最多。

至於車禍受傷人數更多，每年有超過一萬五千人在步行時因交通事故而受傷，不僅帶給自己長年的痛苦，也讓家庭及社會付出巨大的成本。

根據二〇二二年統計，若以年齡層區分，六十五歲以上老人幾乎占行人交通事故死亡人數的七成，他們大都因為視力減弱、身體機能退化而出事。

世界衛生組織（WHO）指出，缺乏人行道或是安全的人行道，是導致行人死傷的主要原因。一般建議，人行道的最小寬度是一・五公尺；如果行人流量高或常有輪椅、嬰兒車出入的地方，人行道寬度應在二至三公尺以上；至於人潮擁擠的商業區或行人眾多的地方，人行道也應該加寬。

儘管如此，人行道不足還是最根本的問題。根據內政部營建署統計，台灣人行道普及率不到四成四，換句話說，有近六成的道路沒有人行道。就算行人想走在騎樓底下，也常因不少騎樓被商家或住戶堆置的物品占據，逼得行人只能冒著隨時可能被車撞的風險，走在馬路上。

事實上，有時候連走騎樓，也不見得安全。邱文達指出，各縣市對用路品質的規範標準不一，以人行道及騎樓使用的面磚來說，目前只有台北市及新北市規定使用的陶瓷面磚、花崗石面磚，防滑係數必須在〇・五五以上，以減少行人滑倒受傷風險。

此外，行人過馬路應走斑馬線雖然已是常識，也是確保安全的前提，但常因道路設計不良，讓原本可以保護行人的斑馬線，變得危機重重。

路口交通號誌燈號應該要調整

北醫神經醫學研究中心主任蔣永孝指出，關鍵之一就是台灣斑馬線的密度太高了，如果每輛車子都要遵守禮讓行人通過斑馬線的規定，那車子就不用開了，因為往往車行沒多遠，想轉個彎，又碰到下一個斑馬線，等到行人都過了馬路，卻變成紅燈，斑馬線變成行車地獄。

他因而建議，不妨把路口的紅綠燈號誌分成兩個時段，一個是給人走的時段，一個給車子走的時段，兩者完全區隔開來，各走各的，不要混在一起，行人可安全走斑馬線過馬路，車子也不會被堵在路口動彈不得。

除此之外，他認為整條馬路，乃至於整個街區的號誌，應該要全面連線調控，在同一個時段內，全線綠燈或紅燈，才可確保行車順暢，交通也不至於打結。

斑馬線雖是給行人優先通行，但如果設計不當，卻也充滿危機。台北市立萬芳醫院急診重症醫學部副主任廖國興觀察發現，台灣的斑馬線太靠近十字路口，直行的車子還好，想要右轉的車子才轉個彎，就可能直接撞上正要過斑馬線的行人。

他建議政府相關部門，應站在確保行人安全的角度，思考道路規劃方式，把斑馬線往後縮，離十字路口遠一點，好讓汽車駕駛順利轉彎、把車頭拉直後，可以清楚看到正要過斑馬線的行人，以避免發生意外。

「禮讓行人」、「行人優先」，不僅是句口號，也是衡量一個國家社會進步的指標，而確保行人安全，更是政府必須一肩扛起的責任。不過，民眾也應該具備風險的概念，才能把傷害降至最低。邱文達對此提出幾個溫馨叮嚀，值得參考。

行人停看聽

一、行人要走人行道。如果沒有人行道，就儘可能選面向車子迎面而來的方向靠邊行走。

二、當十字路口沒有紅綠燈時，依照「向右、向左、再向右看」的原則，確定沒有來車，以明顯的手勢示意駕駛停車，再過馬路。

三、等紅綠燈時，要站在人行道上，不要站在斑馬線上。

四、不管車子是轉彎或直行，當駕駛禮讓行人先行通過馬路時，要注意同向或對向後方是否有搶快或想超越的車子。

五、始終遵守道路標誌及交通號誌。

六、走路要專心，不要分心，也不要邊走路、邊滑手機。

七、如果有人行天橋或地下道，就算要爬上爬下，多走幾步路，也要走天橋或地下道穿越馬路。

八、儘可能穿著可以讓駕駛一眼看到的淺色或反光衣服，尤其在清晨、黃昏等天色昏暗的時段。

邱文達表示，台灣每年死於交通事故的行人及腳踏車騎士，大概有三百多人，雖然和騎乘機車死亡的人數比起來並不算多，但每條生命都是無比珍貴，能少一個死於交通事故的人，就可減少一個破碎的家庭。

死於「內輪差」意外很冤枉

另外，台灣每年大約有兩百多人死於「內輪差」，這個傷亡數字顯得偏高，由於國人對「內輪差」了解不多，也普遍缺乏危險意識，因此這些人死得很冤枉。

所謂「內輪差」是指車輛在轉彎時，前後車輪行經軌跡所造成的差距，通常越長的車輛，內輪差就越大。大型車轉彎時，前後輪不會在同一個軌跡上，其中內側前輪轉彎的半徑較大，內側後輪轉彎的半徑較小，這種半徑大小的差異，常會造成視野的死角。

這個時候，如果行人或機車、腳踏車騎士處於內輪差的區域內，常會誤以為大型車駕駛有看到自己，但其實那些高坐在車內的駕駛因為後視鏡的視野死角，不見得會發現右後方有行人或騎士，在車輛右轉時就容易擦撞，造成非死即傷的憾事。

延伸閱讀

內輪差

內輪差（Difference of Radius Between inner Wheels）是指車輛轉彎時，內側前輪轉彎半徑與內側後輪轉彎半徑的差距。由於會出現內輪差，車輛轉彎時，前後車輪的行進軌跡不一樣，也不會完全重疊，就有可能導致後側內輪超出前側內輪的行進軌跡，進而撞到在內輪差範圍內的機車或行人，造成傷害。

內輪差的計算公式：圓周率×（外輪弧度半徑－內輪弧度半徑）／兩輪弧度半徑比值。車子越長，內輪差就越大，其可能造成的風險也越大，一般建議機車騎士或行人，最好遠離大型車的右側，才能避免被右轉的大型車撞到。

第十九章／打造安全防跌的居家環境

根據國家發展委員會推估的資料顯示，台灣即將於二〇二五年邁入超高齡社會，而台北市六十五歲以上人口在二〇二二年一月已突破二〇％大關，率先成為「超高齡直轄市」。

其他縣市也有高齡化趨勢，預計未來幾年就會陸續走上這條路。這些越來越多的銀髮族，首先面對的是生理功能逐漸退化導致生活上的不便，甚至可能因跌倒而出現腦創傷，併發更多問題，亟需解決。

根據衛福部國民健康署在二〇一七年進行的「國民健康訪問調查」，三千兩百八十位六十五歲以上受訪老人中，每六人就有一人在最近一年內有跌倒的經驗，出現疼痛、身體不適、生活品質變差、生活依賴，以及心理上懼怕再度跌倒的壓力。

這份調查同時發現，臥室、客廳、浴室是這些老人在室內跌倒地點的前三名。跌倒的原因分別是因視力、聽力、肌力及平衡等身體功能下降，導致行動較不方便，一旦家裡沒有做好防護措施，就容易跌倒而受傷。

防跌要從居家環境做起

為了不讓這些老人家因跌倒造成腦創傷，臺北醫學大學神經醫學研究中心主任蔣永孝建議家裡有老人家的民眾，在設計居家環境時，不妨掌握幾個原則：首先，老人的生活空間最好都規劃在同一樓層，儘量避免上下樓梯，行走距離不要太長，而且地板不要有高低差；其次，老人的活動區域照明要充足，不要堆積雜物，不要有固定的電線，同時要避免地面濕滑或地毯滑動；第三，走道或門的寬度要足夠，方便輪椅等輔具進出。

整體而言，就是要隨時檢查居家環境是否合乎安全標準，避免老人跌倒受傷。衛福部國民健康署提出的「老人居家防跌五要點」，很值得參考：

第一個要點是地板。要隨時保持乾燥，避免滑倒；家具遠離走道，雜物收納整齊，避免絆倒；地毯和鞋墊有皺褶及捲起的邊緣要剪除，腳踏墊底下要加上止滑墊。

第二個要點是照明。室內燈光要夠明亮，可加裝小夜燈增加亮度；電燈開關要接近門口，且能輕易觸按。

第三個要點是樓梯。如果家裡有樓梯，要有穩固的扶手，樓梯的邊緣要能辨識清楚，最好與樓梯面不同顏色，並加上止滑條。此外，樓梯的上方及下方，都應該裝設電燈開關。

第四個要點是浴廁。洗臉盆和馬桶旁要加裝扶手；浴室裡放置防滑墊，且毛巾、牙刷、牙膏及其他沐浴用品，應放在合適高度且容易取用的地方，避免彎腰或踮腳取用。

第五個要點是臥房。床的高度不宜太高或太低，以容易上下床為原則；床邊要有放置拐杖或助行器的地方，方便老人家上下床時取用；床邊要有能輕易開關的燈，方便老人家夜間起床走動。

國民健康署委託學者專家完成編修的《長者防跌妙招手冊》，建議防跌從生活細節做起，包括如何預防跌倒、防跌運動、日常生活常見的防跌實例、跌倒時的反應及處置，以及居家環境檢核等，內容很實用。

近年來高科技隨身產品紛紛上市，許多隨身行動裝置都推出防跌 APP 或防跌手錶、防跌手環，並增加可即時通知相關單位救援的功能，無非是要避免上了年紀的老人家跌倒受傷，以確保他們的安全。

除了老人，兒童也是容易受傷的一群，為了避免他們因意外事故導致腦創傷，未來一輩子都活在後遺症的陰影下，家長也應該調整居家的擺設和細節，把風險降到最低。

根據衛福部統計，「意外墜落」高居十四歲以下兒童的第二大死因。像家中陽台欄杆高度要超過一百二十公分，窗戶開口要小於十公分，若窗戶外推不得超過四十五度，而且欄杆和窗戶旁邊，不能擺置可讓孩子攀爬的家具或物品。

因幼兒和兒童的腦部還在發育，應避免撞到或跌倒受傷，因此家中桌椅、櫃子的尖銳邊角，要用軟質橡膠或圓滑物包覆。如果孩子還小，要降低床的高度，或設置床邊護欄，並在地板上鋪上軟墊，以免跌下床受傷。

預防永遠勝於治療，唯有做好萬全準備，我們才能避免腦創傷，也才能遠離諸多後遺症的困擾，快快樂樂過日子。

後記

台灣神經醫學創新起飛

神經醫學人才的傳承與培育、
生醫創新的卓越成果、
以及透過 AI 人工智慧不斷精進的檢查與治療方式，
除了幫助輕度腦創傷病人不再一輩子受其所困，
更讓臺北醫學大學神經醫學研究中心，
成為國際腦創傷研究重鎮，
締造台灣之光！

臺北醫學大學從一九八七年開始投入腦創傷的研究，除了積極培育神經醫學人才，透過和國際學術交流，獲得寶貴且實用的資訊外，更在生醫創新的道路上積極研發新藥和新的檢查方式，以期對腦創傷的病患展開治療新頁，幫助他們重新找回健康快樂的生活。

人才傳承與培育的沃土

臺北醫學大學神經醫學博士學程主任李宜釗是張文昌在成大教書時的博士班學生，張文昌於二〇一一年離開國科會回到母校臺北醫學大學服務時，他就跟著老師北上，在北醫神經醫學博士學位學程當助理教授，也是該學程的第一位專任老師。

李宜釗說，張文昌的研究領域比較偏向癌症基因訊息調控，成大的研究團隊也大都做相關研究，只有他做的是神經醫學。即便如此，張文昌還是一視同仁，全力支持他走一條不一樣的路，讓他盡情發揮。

這種適才適性的教育理念，深深影響到李宜釗，他也用這種胸襟來培育北醫神經醫學博士學位學程的學生。

他認為，每個人都有不同的興趣及專長，如果硬是把這些人力全都投放在同一個研究領域，雖可收到不錯的效果，卻也不容易培養出更多元、更具有獨立思考能力的人。因此，不管神經醫學博士學位學程的學生來自醫院的臨床醫師，或是生醫相關研究所的碩士，他都因材施教，並想辦法把臨床和基礎研究串連在一起。

北醫體系擁有北醫附醫、萬芳和雙和等三家大型醫院，醫療量能夠大，加上二〇二三年初雙和生醫園區的教學研究大樓及生醫科技大樓落成啟用，對面就是雙和醫院，基礎研究的老師隨時可以和臨床醫師溝通討論，他相信一定可以把轉譯醫學發揮得淋漓盡致，造福更多病人。

向矽谷取經推動生醫創新

二〇二三年，李宜釗從胡朝榮手上接下神經醫學博士學位學程主任一職，十二年來，這個學程已經培育不少博士生，其中有幾位在他接續張文昌適才適性的教育理念影響下，朝向多元發展，展開跨領域的斜槓人生，擔任北醫新創加速器負責人的陳兆煒就是其中一個。

陳兆煒在萬芳醫院接受神經內科的住院醫師訓練，之後在神經內科主任宋家瑩的指導下，從事周邊神經電生理的研究，並就讀改名前的臺北醫學大學神經再生醫學博士學位學程，而他的動機就在神經再生中的「再生」兩字。

當時，宋家瑩採用「神經興奮度」這種新的檢查工具，評估神經受損後的再生情形，後來陳兆煒和宋家瑩陸續跟澳洲及英國的教授們合作，進而在《Brain》、《Journal of Neurology, Neurosurgery and Psychiatry》等國際期刊發表多篇論文。

這些研究證明，相關的檢查儀器都很有效，也探討出很多學理，當然是件值得高興的事。陳兆煒心想，台灣有這麼好的臨床試驗場域，可以做出這麼好的研究成果，但使用的都是國外進口的儀器，為什麼不能自行研發儀器，再用這些儀器做臨床試驗呢？

他深信唯有這樣，才能帶動台灣醫療產業的發展，因此積極申請出國進修。在柏克萊進修期間，陳兆煒跟著老師做失智症的題目，也學習很多 AI 及機器人要怎麼運用在生醫創新的知識，讓他受用無窮，他也因此知道原來矽谷是怎麼在創新這條路上獨領風騷。

陳兆煒在矽谷學會了生醫創新的方法學後就回到台灣，並開始在醫療領域尋找可以實踐的目標。

用人工智慧取代復健人力

他是神經內科專科醫師，第一個想到的是「台灣神經醫學最強烈的需求是什麼？」結果發現，腦創傷或失智症之後的恢復是個很大的問題，對家屬及社會也造成很大的負擔，於是，陳兆煒想結合技術創新和需求創新的特色，試圖解決這個問題。他觀察發現，傳統的安養中心、日照中心或腦創傷後的復健中心，大都會帶這些患者復健。台灣的復健醫學以職能復健和物理復健為主，步態和行動等手腳肢體的復健都做得很好，但認知功能復健仍有不足，還有很大的進步空間。

陳兆煒查覺到這個臨床未被滿足的需求，便帶領研究團隊設計出一套「失智症AI數位認知治療系統」，希望用人工智慧逐步減少認知治療所需的人力負擔。針對失智症患者缺失的功能，透過結合「AI引導」、「實際操作真實物件」及「精準動態難度調整」的訓練裝置，一對一精準引導患者一步一步跟著做，協助他們重拾完成日常生活任務各步驟的能力。

他的努力被台灣神經學學會注意到，因此獲得年輕學者獎的肯定，同時當選學會副秘書長，透過會訊和學會臉書粉絲專頁大力倡導創新的理念。

守護人類健康展現史懷哲精神

從交通事故到家中老人、嬰幼兒跌倒撞傷頭部等，都是我們日常生活中最常碰到的健康威脅，尤其是最容易被忽略的輕度腦創傷，卻是影響一生健康和生活品質的隱藏性風暴，可能隨時引爆！

有鑒於此，臺北醫學大學從一九八七年起，在前衛福部部長、臺北醫學大學校長邱文達率領專業團隊，及得到政府的大力支持下，積極投入腦創傷的研究。二〇〇九年臺北醫學大學設立「神經損傷及再生醫學研究中心」；二〇一八年改名為「神經醫學研究中心」，並在期間積極投入人才培育；在創新的生醫科技引領下，研究老藥新用，研發效果更好的新藥，並在AI人工智慧的輔助下，不斷研究更新的檢查方法與替代的治療人力，這些輝煌的醫學成果，最終得以運用在病人的身上。

臺北醫學大學神經醫學研究中心主任蔣永孝表示：「經過十五年的不斷努力，我們的研究中心已成為國際腦創傷的研究重鎮，期能在既有的基礎下，為守護人類健康，做出積極貢獻」！

出版本書的最大目的，就是分享臺北醫學大學透過運用卓越創新的生醫科技，不斷培育人才、延攬人才，以加速腦創傷的研究與開發新藥與治療方法，將成果運用於病患身上，造福病人，讓病人享有樂活而且有品質的健康人生。

附錄一

臺北醫學大學腦創傷研究大事記

一九八七～一九九一年

在衛生署支持下，建立城鄉研究（台北與花蓮），發現鄉村腦創傷發生率為城市的兩倍，死亡率為四倍（J Formos Med Assoc, 1991）。

一九九二～一九九三年

建立東部三縣及澎湖腦創傷研究，發現東部三縣頭部外傷嚴重度均比台北市高出甚多（J Trauma, 1993）。

一九九四～一九九五年

建立全國性腦創傷及脊椎創傷研究資料庫，發現全國機車引起腦創傷發生率占七成以上（Neurol Res, 1997）。

一九九五～二〇〇一年

推動腦創傷防制政策，協助推動機車安全帽立法，成功於一九九七 年六月一日開始實施強制騎乘機車配戴安全帽，隔年死亡率立即大量減少三十三%（JAMA, 1995; Am JPublic Health, 2000）。

二〇〇二～二〇〇六年

在國衛院支持下，進行腦創傷 Intracranial Pressure（ICP）及 Cerebral Perfusion Pressure（CPP）測定，首先運用 WHO 發展之問卷（WHO Quality of Life-Brief, WHOQOL-BREF），評估腦外傷後生活品質（J Neurotraum, 2006）。

二〇〇五～二〇〇九年

取得衛生署補助，成立國內唯一以神經醫學為主題之神經醫學專科卓越臨床試驗四大中心之一，並完成七件 PI-initiated 神經學臨床試驗。

二〇〇七年

建立台灣版嚴重腦外傷臨床診療指引（CPG），並於二〇〇七年由 NHRI 發行中英文專書（SurgNeurol, 2009）。

二〇〇八～二〇一一年

在國衛院補助下，於二〇〇二～二〇〇六年完成第一階段研究，接續為期四年之轉譯研究，包括「腦部多重監測系統之跨院研究」等跨國多中心研究。

二○○九年

醫學科技學院與國衛院合辦成立「神經再生醫學博士學位學程」。成立神經再生研究中心，首先進行周邊神經創傷之神經導管臨床試驗。將神經創傷研究成果導入技轉及產學合作，並於二○○九年育成七家公司進駐南科。

二○○九～二○一九年

在國科會補助下，與美國、瑞典及以色列等國進行輕度腦創傷多國國際合作研究計畫。

二○一○～二○一四年

再度獲得衛生署補助「卓越神經醫學專科臨床試驗與研究中心」計畫，進行一校九院台灣神經醫學臨床試驗網絡（TNCRC）整合作業。

邱文達、歐耿良及洪國盛執行國家奈米型衛生署計畫補助之研究，創下全國大學第一件衛生署技轉案「九十九年表面功能化處理之電燒器械於抗組織沾黏與臨床研究」。

二〇一四年

成立全國首創「大腦與意識研究中心」，積極延攬國際學者，並結合基礎與臨床議題，透過腦造影技術，探討意識損傷、躁鬱症等疾病機制並發展相關診斷與治療方法。

二〇一六～二〇二〇年

莊健盈教授與美國國家衛生研究院（NIH）共同合作進行跨域、多體學研究，探索腦部基因改變如何影響腦傷後神經細胞壓力（Neuropharmacology, 2016; Redox Biol, 2017）、藥物成癮／認知行為異常的發展（Cell, 2013; Nucleic

Acids Res, 2014; Proc Natl Acad SciUSA, 2015）及神經退化疾病發展（Nat Commun, 2020）。

二〇一六～二〇二一年

針對腦創傷後顯著提升精神疾病與睡眠障礙的症狀，開發 Etk/BMX（PLOS ONE, 2012; Cell Transplant, 2012; J Neurotrauma, 2021）及心律變異分析（HAG）指標（Psychophysiology, 2016; Psychiatry Res, 2016），用來進行輕度腦創傷患者是否產生焦慮、憂鬱等精神症狀的預後評估（J Neurotrauma, 2015; Clin Neurophysiol, 2016）及發生睡眠障礙的風險（Brain Sci, 2021）。

二〇一八年

成立「臺北神經醫學中心」，將北醫附設醫院、萬芳醫院及雙和醫院的神經內外科、精神科、放射科、復健科與基礎神經科學研究的資源整合，提升神經醫學之臨床訓練及學術教育品質。

成立校級「神經醫學研究中心」，整合北醫大神經醫學臨床與基礎研究領域等十一個研究團隊，發展以神經相關疾病為導向之研究。

二〇一九年

人文暨社會科學院成立「心智意識與腦科學研究所碩士班」與「心智意識與腦科學研究博士學位學程」。

二〇二〇～二〇二二年

王家儀教授與蔣永孝教授團隊以腦傷動物模式探討神經與膠質細胞交互作用以及藥物之療效，近年比較新穎設計小分子藥物如：3,6′-dithiopomalidomide 比 pomalidomide 治療腦創傷的急性傷害之功效，除了保護大腦皮質神經元之作用，尤其在抑制微膠細胞的活化、極化及發炎反應以改善感覺運動行為之作用上，效果更強（eLife, 2020），也能同時保護海馬迴神經元並改善認知行為（Int J Mol Sci, 2021; Alzheimers Dement, 2022）。

在老藥新用方面，蔣永孝教授團隊與美國 NIH 合作研究發現 glucose-dependent insulinotropic polypeptide-1（GIP-1）（J Neurotrauma, 2016）和 Phenserine（Cell Transplantation, 2019）治療，能改善腦創傷所引起的認知與運動功能缺失。

二〇二〇～二〇二五年

張文昌院士與李宜釗教授、莊健盈教授發現神經類固醇 DHEAS 搭配小分子 HDAC 抑制劑，不僅減低腦傷後神經元的死亡（Mol Neurobiol, 2017; Redox Biol, 2018），也進一步促進神經軸再生與迴路修復，以改善腦傷後小鼠焦慮問題及築巢自然行為，相關研究獲得國科會哥倫布計畫（二〇二〇～二〇二五年，總經費四千萬元）的支持。

二〇二二年

醫學科技學院「神經再生醫學博士學位學程」更名為「神經醫學博士學位學程」，並設立「神經醫學國際碩士學位學程」，搭配心智意識與腦科學研究所進行雙軌人才培育。

二〇二三年

成立「腦意識創新轉譯研究中心」，並獲教育部深耕計畫研究中心補助。

附錄二

醫學名詞解釋

第一章

慢性創傷性腦病變（Chronic traumatic encephalopathy, CTE）：

一種重複性腦創傷引起的神經性退化疾病，患者的大腦組織會有大量不正常的濤蛋白堆積，導致顳葉皮質、海馬迴及杏仁核等腦組織萎縮。

濤蛋白（Tau proteins）：

一種高度可溶的微管相關蛋白，常見於中樞神經系統的神經元中，主要功能之一是維持軸突微管的穩定性和靈活性。

第二章

輕度腦創傷（mild Traumatic Brain Injury）：

頭部受傷後，昏迷指數十四分或十五分，就屬輕度腦創傷，可能是輕微顱內出血或單純腦震盪。患者初期可能暫時出現意識不清或喪失、視力障礙或平衡障礙，有時會有持續性頭痛、頭暈、記憶力變差、注意力不集中或情緒不穩等情形，但多半隨著時間會慢慢減輕及消失。

創傷後壓力症候群（Posttraumatic stress disorder, PTSD）：遭逢重大創傷的事件後，出現嚴重壓力症狀，如過度警覺、逃避麻木、及再度體驗創傷。

第三章

昏迷指數量表（Glasgow coma scale, GCS）：醫療人員用來統一描述病人清醒程度的標準。昏迷指數為睜眼、語言反應和運動反應三項動作評估後的總和，滿分為十五分，表示病人清醒、有警覺性；總分低於或等於七分，表示處於昏迷期，需要嚴密的護理照顧；最低為三分，表示處於深度昏迷。

第六章

快速動眼期睡眠（Rapid eye movement, REM）：睡眠的做夢階段，眼球會快速活動，也會有肌肉無力和運動抑制的生理現象。

快速動眼期睡眠行為障礙（Rapid eye movement sleep behavior disorder, RBD）：

一種睡眠進入快速動眼期的做夢階段，身體會將夢境付諸行動的異常行為。

苯二氮平類安眠藥（Benzodiazepines, BZD）：

一種中樞神經抑制劑，可調節腦內γ-胺基丁酸濃度，達到鎮靜安眠、抗焦慮、抗痙攣及肌肉鬆弛的目的，長期服用容易出現耐藥性和依賴性，突然停藥則可能出現反彈性失眠及戒斷症狀。

第九章

海馬迴（Hippocampus）：

大腦中位於內側顳葉拇指大小的重要區域，因形狀彎曲像大海中的海馬而得名，哺乳動物有兩個海馬迴，分別在大腦的左右半球，主要負責短期記憶、長期記憶，以及空間定位等功能。

皮質（Cerebral cortex）：

大腦外側的連通皮狀組織。皮質的功能依區域不同而異，額葉負責學習、語言、抽象思維、情緒等高級認知功能，以及自主運動控制等。頂葉負責軀體感覺、空間資訊處理、視覺資訊和體感資訊的整合。顳葉負責聽覺、嗅覺、長期記憶、分辨左右、物體辨識的高級視覺功能。枕葉負責視覺處理。至於邊緣系統則和獎勵學習和情感處理有關。

趨化因子配體 5（CCL5）：

一種促發炎的趨化物，可以把白血球吸引到發炎部位。

細胞激素（Cytokines）：

一種免疫系統分泌的化學物質，可以刺激身體組織製造其他物質增加免疫力，亦可幫助細胞生長、活化，導引白血球移動的方向。

褪黑激素（Melatonin）：

一種調節生物時鐘的激素，可以改善睡眠障礙、情緒障礙，也可增強學習和記憶。

血清素（Serotonin）：

一種神經傳導物質，由色胺酸轉化而成，具有調節心情、食慾和睡眠等功能，亦可增加記憶和學習等認知功能。

γ-胺基丁酸（γ-Aminobutyric acid, GABA）：

一種神經系統內重要的傳導物質，負責傳遞訊息。主要功能是在大腦和脊髓的溝通過程中，經由結合神經細胞的 GABA 接受器，開關神經細胞間的傳導路徑，可調控緊張、焦慮、害怕等情緒，達到自我放鬆及容易入睡等效果。

食慾素（Orexin）：

一種下視丘所分泌的激素，廣布在整個中樞神經系統中，原先被認為主要跟飲食行為功能有關，後續因被證實跟猝睡症有密切關係，而被發現跟睡眠的調控有關。

第十一章

血腦屏障（Blood-brain barrier, BBB）：

又稱為「血腦障壁」，在血管和大腦之間有一個選擇性的屏障，可以阻止某些物質經由血液進入大腦。

第十二章

類胰島素生長因子-1（IGF-1）：

一種人體在生長激素刺激下產生的物質，會引發細胞內反應，促進細胞生長。具有增強肌肉強度和耐力、促進神經修復力等功能，在兒童生長發育過程中扮演重要的角色。

第十三章

自律神經（Autonomic nerve system）：

又稱為自主神經，支配內臟器官正常運作，維持生命基本必要機能的神經系統，運作不會受到自我意識影響而改變。

心率變異度（Heart rate variability, HRV）：

又稱心率變異分析、心率變異性，是一種量測連續心跳速率變化程度的方法，臨床多用來檢測並分析自律神經是否處於平衡狀態。

第十四章

工作記憶（Working memory）：

一種記憶容量有限的大腦認知系統，被用來暫時保存資訊，由語音、視覺和中央處理系統組成，對於推理、指導決策和行為有重要影響，它會在短期內儲存資訊，再將這些資訊轉變為長期記憶。

功能性核磁共振掃描（Functional Magnetic Resonance Imaging, fMRI）：

一種神經影像技術的檢查方式，是一種檢測腦功能的重要工具。

第十五章

類澱粉蛋白（Amyloid）：

又稱澱粉樣蛋白，是一種短鏈且不可溶的纖維性蛋白質，如果在器官中不正常堆積，會形成斑塊，在阿茲海默氏症、巴金森氏症等退化性神經病變患者的神經系統中，都可看到大量類澱粉蛋白的堆積。

第十六章

類升糖素胜肽-1（Glucagon-like peptide-1, GLP–1）：

屬於腸促胰島素的一種激素，具促進胰島素分泌、抑制胰高血糖素分泌的功能，可抑制胃動力延遲胃排空時間，並透過中樞神經系統